黄河水利史料叢書

治河通考

〔明〕吴山 著

李留文 整理

中国水利水电出版社
www.waterpub.com.cn

·北京·

图书在版编目（ＣＩＰ）数据

治河通考 /（明）吴山著；李留文整理. -- 北京：
中国水利水电出版社，2021.10
　ISBN 978-7-5170-9169-1

Ⅰ．①治… Ⅱ．①吴… ②李… Ⅲ．①治河工程－中
国－明代 Ⅳ．①TV882-09

中国版本图书馆CIP数据核字(2021)第262400号

選題策劃：馬愛梅　宋建娜　戴甫青

書　　名	治河通考 ZHIHE TONGKAO
作　　者	〔明〕吴山　著；李留文　整理
出 版 發 行	中國水利水電出版社 （北京市海淀區玉淵潭南路1號D座　100038） 網址：www. waterpub. com. cn E-mail：sales@waterpub. com. cn 電話：(010) 68367658（營銷中心）
經　　售	北京科水圖書銷售中心（零售） 電話：(010) 88383994、63202643、68545874 全國各地新華書店和相關出版物銷售網點
排　　版	中國水利水電出版社微機排版中心
印　　刷	北京中獻拓方科技發展有限公司
規　　格	140mm×203mm　32開本　4.375印張　98千字
版　　次	2021年10月第1版　2021年10月第1次印刷
印　　數	001—300冊
定　　價	**38.00圓**

凡購買我社圖書，如有缺頁、倒頁、脫頁的，本社營銷中心負責調換

整 理 説 明

    《治河通考》，明代嘉靖（一五二一年——一五六六年）年間河南巡撫衙門官修治河類書籍。《四庫全書存目叢書》和《續修四庫全書》均有收録。版本相同，只是著録的作者不同。《四庫全書存目叢書》著録的作者爲吳山，《續修四庫全書》著録的作者爲劉隅。之所以出現如此分歧，在于它的成書背景。明嘉靖十年，吳山出任河南巡撫，面對黃河的連年潰決，深感河患威脅。而且當時借河濟運，黃河安寧與否事關漕運大事，所以第二年，也就是嘉靖十一年，吳山任用貶謫爲許州通判的前御史劉隅編輯此書，以便做治河之參考。故此才會出現同一古籍作者歧異的現象。

    吳山，字静之，號幻庵，蘇州府吳江人。正德（一五〇五年——一五二一年）戊辰三年進士。歷官刑部主事、員外郎、河南巡撫、刑部尚書。爲人耿直清介，官聲頗佳。《明史稿》有傳，清朱彝尊《明詞綜》收録其《清平樂》詞一首。

    劉隅，字叔正，號範東，東阿人，嘉靖癸未二年進士。歷官福建道御史、四川按察僉事等職。由于"風節凛然"，貶官爲許州通判。編修《治河通考》就在此時。後遷永平知府、保定巡撫，終官右副都御史。有《範東文集》傳世。《皇明詞林人物考》有其小傳，稱其"爲文無剿説，無習見，清逸俊拔，詩意氣安閑，辭旨沈快，要之，蓋有杜陵遺意。……詩清婉和粹，有中唐之余韻。"
朱彝尊《明詩綜》收錄有他的詩。

《治河通考》共十卷。第一卷爲《河源考》，第二卷爲《河決考》，第三卷至第九卷爲《議河治河考》。第十卷爲《理河職官考》，卷首有安陽崔銑序，後附有總理河道劉天和等人所上治河奏疏兩道和吳山的後序。其中"議河治河考"占了絕大部分篇幅，亦可見此書編輯的目的是爲治河提供參考，即所謂"畢登良策，可輯而法焉"之旨。

統觀全書，可發現如下特點：

第一，略古詳今。宋元兩代，尤其是北宋河道治理摘錄繁富。相比之下，唐代及其以前的漫長歷史時期有關黃河治理的內容所占篇幅就非常有限。宋都汴京，近黃河，黃河安瀾不但關系到汴京航運的通滯，更關系京城安危，國家盛衰，所以北宋朝廷特別關注黃河的治理，關于黃河治理的論著也相對豐富。吳山、劉隅特別留意于黃河治理自有其道理。

第二，述而不作。全書只抄錄典籍中有關議河、治河的史料，較少發表治河議論，也很少提出新的治河理論。全書資料主要來源于《水經注》《通典》《資治通鑒》《大學衍義補》，以及《漢書》《宋史》《元史》等二十四史之河渠志。所以此書只是滙集資料，于歷代治河的得失之中彰顯編輯者的治河理念。

第三，注重實用。全書大篇幅抄錄歐陽玄《至正河防記》，其中詳述了賈魯治河之方法。附錄中收入嘉靖年間總督河道劉天和的治河奏疏，其中詳述了"臥柳""低柳""編柳""深柳"等植柳之法，以前人的經驗爲當時治河的指導。

《治河通考》系統整理了上自夏商周三代、下迄明嘉靖年間有關黃河及其治理的史料，而且有其自己的取舍，所以在浩繁的河書中有一定的學術價值。其中河水漲落與物候的關係、賈魯治河的具體方法、對于植柳的倡導、順其自然的治河理論，這些前人在與黃河打交道的過程中所總結出來的經驗，在此書中被特別強調。這不僅對于當年黃河的治理具有指導意義，而且直到今天，也不失爲金玉之言。

　　當然，此書的瑕疵也是明顯的。在後序中吳山講到當時之所以編纂此書，是因爲不久前編輯成書的《治河總考》"疏漏混複，字半訛舛"，不足爲治河之金鑒，但《治河通考》同樣舛錯不少。而且有少數史料甚至跟黃河沒有關係，也混入書中。當然，瑕不掩瑜，《治河通考》仍不失爲一部内容豐富、翔實的治河史料滙編。

　　《治河通考》初刊于嘉靖十五年，再刻于崇禎（一六二七年—一六四四年）十一年。點校以《續修四庫全書》所收嘉靖十五年本爲底本，參考其所引用各種典籍進行，遇有舛錯之處，以其所引書籍糾正之。如遇意引，只要文通句順，則保持原樣，不加改動。

整理者

目　　録❶

❶　原書無目録，該目録爲點校者所加。

治 河 通 考 序

　　訒庵吳公巡撫河南之踰年，貞度飭務，體宏理密。謂河之災豫，修塞勞煩，足當一邊之擾。既擇才而任，脫夏邑之洳，道趙皮之（豬）〔瀦〕，又命前御史劉隅氏輯河書，開封顧守鐸刻板❶，畢登良策，可稽而法焉。

　　嗟乎！聖神如禹，雖曰十有三載乃績，然不能斷後害。自漢以來，知議之，能行之，勇力之，腐舌刮齒，焦心銷骨，多者十數年、少者一二年輒決，夷屋寢訧，飄資蕩生。天子親沉璧馬，臨水太息。國家都燕，輓江南之粟，上下咸寄命焉。既賴河以利舟楫，亦恐其遂嚙漕渠。粟至稍後，舉國困憊，一邑一郡之災不暇恤矣。

　　夫濬故道、分橫流而後安，舍是亡策矣。然沙積地高，道然後塞，升沙並岸，水至復然，萬人之功付於烏有。不若隨勢相宜，別就奏下之利而道之。毋與水爭，毋犯水怒，毋惜棄田，毋阻多口。所占田廬，量給之費而蠲其租，民亦樂從。況並河之田有填淤之饒，可相易乎？夫物敝有因，水決以漸，此塞彼行，非由齊發。蟻穴可以毀防，線隙可以崩郭，故貴乎先事而備。一歲不溢遂幸，無為玩日愒月，坐待其不支。況乎遷代之速，不盡其才，官設之分，不專其任，卷堝築堤，姑具苟完，買逸騰賈，非

---

　　❶　開封顧守鐸　卷末吳山《治河通考後序》作"開封顧守符"，未知何是，存疑。

1

利公家乎！今夫農之作垣也，其基厚，其上塗，題畚孔良，築削孔力，雖遭秋霖泛潦，亡傷豪末。官府作墉，或破百金，不月而摧。何哉？農自為而官為人也。

嘉靖癸巳春二月辛巳相臺崔銑序。

黄　河　圖

卷 之 一

河 源 考

《夏書·禹貢》：

導河積石，至于龍門，南至于華陰，東至于底_{音砥}。柱，又東至于孟津，東過洛汭，至于大伾，北過洚_{音降}。水，至于大陸，又北播為九河，同為逆河，入于海。

《蔡傳》曰："河自積石三千里而後至龍門。經但一書積石，不言方向，荒遠在所略也。龍門而下，因其所經，記其自北而南則曰南至華陰，記其自南而東則曰東至底柱，又詳記其東向所經之地則曰孟津、曰洛汭、曰大伾，又記其自東而北則曰北過洚水，又詳記其北向所經之地則曰大陸、曰九河，又記其入海之處則曰逆河。自洛汭而上，河行于山，其地皆可考。自大伾而下，垠岸高于平地，故決齧流移，水陸變遷，而（降）〔洚〕水、大陸、九河、逆河皆難指實。然上求大伾，下得碣石，因其方向辨其故迹，則猶可考也。"

程氏曰："自洛汭以上，山水名稱、迹道，古今如一。自大伾以下，不特水道難考，雖名山舊嘗憑河者亦復不可究辨。非山有徙移也，河既變遷，年世又遠，人知新河之為河，不知舊山之不附新河，輒並河求之，安從而得舊山之真歟？"

《西漢書·張騫傳》：

漢使窮河源，其山多玉石，采來，天子案古圖書，名河所出山崑崙云。

《西漢書·西域志》：

西域中央有河。其河有兩源：一出葱嶺山下，一出于闐。于闐在南山下，其河北流，與葱嶺河合，東注蒲昌海。蒲昌海，一名塩澤者也，去玉門、陽關三百餘里，廣袤三百里。其水停居，冬夏不增減，皆以為潛行地下，南出於積石，為中國河云。

《山海經》：

崑崙山縱橫萬里，高萬一千里，去嵩山五萬里，有青河、白河、赤河、黑河環其墟。其白水出其東北陬，屈向東南流為中國河。河百里一小曲，千里一大曲。發源及中國，大率常然。東流，潛行地下，至規期山北流，分為兩源：一出葱嶺，一出于闐。其河復合，東注蒲昌海。復潛行地下，南出積石山，西南流，又東迴入塞，過燉煌、酒泉、張掖郡，南與洮河合，過安定、北地郡，（地）〔北〕❶流過朔方郡西，又南流過五原郡南，又東流過雲中西河郡東，又南流過上都河東郡西，而出龍門。汾水從東於（北）〔此〕❷入河，東即龍門所在。龍門未開，河出孟門東，大溢，是謂洪水。禹鑿龍門，始南流❸。至華陰潼關，與渭水合，又東廻砥柱，砥柱，山名，河水分流，包山而過，山見水中若柱然。今陝州東河北陝縣三縣界。及洛陽，孟津所在。至鞏縣，與洛水合，成皋與濟水合，濟水出河北，至王屋山而南，截河渡，正對成皋。又東北流過武德，與沁水合。至黎陽信都，信都，今冀州絳水所在。絳水亦曰潰水，一曰漳水。鉅鹿之北，遂分為九河，鉅鹿，今邢州大陸所在。大陸澤名九河，一曰徒駭，二太史，三馬頰，四覆釜，五湖蘇，六簡，七絜，八鉤盤，九鬲津。又合為一河而（八）〔入〕海。齊桓

---

❶ 原文"地"在此文義不通，爲"北"之誤。據《御定淵鑑類函》卷三六改。《太平御覽》卷六一與此同。

❷ "北"爲"此"之誤，參考《太平御覽》卷六十一。此段刊刻舛錯疊出。改動不再出註，均依上下文意及上述參考書改動。

❸ 此處正文與釋文混爲一體，不復辨認，茲將釋文分出。以下至"潮以迎河水"，按此辦理，不再出註。

公塞九河以廣田居，故館陶、具丘、廣川、信都、東光、河間以東城池，九河舊跡猶存。漢代河決金堤，南北多罹其害。議者常欲求九河故迹而穿之，未知其所。是以班固云："自兹距漢（以）〔已〕亡其八枝。"河之故瀆自沙丘堰南分（也）〔屯氏河〕❶出焉。故《尚書》稱"導河積石，至于龍門，今絳州龍門縣界。南至于華陰，北至于砥柱，東至于孟津。在洛北，都道所奏，古今以為津。東過洛汭，至于大伾，洛汭今鞏縣，在河洛合流之所也。大伾山，今汜水縣，即故成皋也。山再成曰伾。北過〔洚〕水至於大陸，其絳水，今冀州信都。大陸，澤名，今邢州鉅鹿。又北播為九河，同為逆河入海"是也。同，合（出）〔也〕。九河又合為一，名為逆河，逆行也。言海口有潮汐，潮以迎河水。

《水經》：酈道元注。崑崙墟在西北，三成為崑崙丘，《崑崙説》曰：崑崙之山三級，下曰樊桐，一名板松；二曰玄圃，一名閬風；上曰層城，一名天庭，是謂太帝之居。去嵩高五萬里，地之中也。《禹本紀》與此同。高誘稱：河出崑山，伏流地中萬三千里，禹導而通之，出積石山。按《山海經》，自崑崙至積石一千七百四十里，自積石出隴西郡至洛，準地志可五千餘里。河水出其東北陬，《春秋説題辭》曰：河之為言，荷也。荷精分布，懷陰引度也。《釋名》曰：河，下也，隨地下處而通流也。《考異郵》曰：河者，水之氣，四瀆之精也，所以流化。《元命苞》曰：五行始焉，萬物之所由生，元氣之滕液也。《孝經援神契》曰：河者，水之伯，上應天漢。《風俗通》曰：江、淮、河、濟為四瀆。四瀆，通也，所以通中國垢濁。《白虎通》曰：其德著大，故稱瀆。屈從其東南流，入于渤海。《山海經》曰：南即從極之淵也。一曰中極之淵，深三百仞，唯馮夷都焉。《括地圖》曰：馮夷恒乘雲車，駕二龍。河水又出於陽紆陵門之山，而注於馮逸之山。又出海外，南至積石山下，有石門，河水冒以西南流，河水又

---

❶ 原文此處"也"爲衍字。佚"屯氏河"三字。據《水經注》卷五補。

南入葱嶺山。河水重源有三，非為二也。一源西出捐毒之國，葱嶺之上，西去休循二百餘里，皆故塞種也。南屬葱嶺，高千里。《西河舊事》曰：葱嶺在燉煌西八千里，其山高大，上生葱，故曰葱嶺也。又西逕罽賓國北，月氏之破，塞王南君罽賓，治循鮮城。土（城）〔地〕❶平和，無所不有，金銀珍寶，異畜奇物，踰於中夏，大國也。又西逕月氏國南，又西逕安息南，與蜺羅跋禘水同注雷翥海。釋氏《西域（傳）〔記〕》❷曰：蜺羅跋禘出阿耨達山之北，西逕于闐國。《漢書·西域傳》曰：于闐以西，水皆西流，注于西海。又西逕四大塔北，又西逕陀衛國北，河水又東，逕皮山國北。其一源出于闐國南山，北流與葱嶺河合，東注蒲昌海。又西北流注于河。即《經》所謂北注葱嶺河也。南河又東，逕于闐北，釋氏《西域記》曰：河水東流三千里，至于闐，屈東北流者也。《漢書·西域傳》曰：于闐已東，水皆東流。南河又東北逕扞彌國北，又東逕且末國北。北河又東北流，分為二水，枝流出焉。北河自疎勒逕流南河之北。北河又東逕莎車國南，治莎車（域）〔城〕，西南去蒲黎（一）〔七〕百四十里。漢武帝開西域〔屯〕田於此。有鐵山，出青玉❸。北河之東逕温宿國南❹，治温〔宿〕城，土地物類與鄯部同。北至烏（操）〔孫〕❺赤谷六百一十里，東通姑墨二百七十里，於此枝河右入北河。北河又東逕姑墨國南。入姑墨，川水注之。導姑墨西北，〔歷〕赤沙山。東南流逕姑墨國西治，

---

❶ 原文爲"城"字，爲"地"之誤，更正之，此處至下文《元史·河源附錄》之前，均引自《水經注》，故以下錯舛之處均依之而改，不再出註。

❷ 《西域傳》應爲《西域記》。"西逕于闐國"之"西"原在前文"山"字之後，作"阿耨達山西之北"誤。據《水經注》卷二改。

❸ 此處舛誤較多，均據《水經注》卷二改。

❹ 原文爲"北河之東南逕温宿國""南"應在"國"字之後。據《水經注》卷二改。

❺ 原文爲"温"後佚一"宿"字。"烏操"爲"烏孫"之誤。據《水經注》卷二改。

南至于闐，馬行十五日。河水又東，逕注賓城南，又東逕樓蘭城南而東注。河水又東注于泑澤。即《經》所謂蒲昌海也。水積鄣郫之東北、龍城之西南。龍城故姜賴之（靈）〔虛〕，胡之大國也。蒲海溢，盪覆其國，城基尚存而至大，晨發西門，暮達東門。瀹其（岸）〔崖〕岸，餘溜風吹，稍成龍形，皆西面向海，因名龍城。又東入塞，過燉煌、酒泉、張掖郡南。河水又自東河曲逕西海郡南。河水又東逕允川而歷大榆谷北，又東過隴西河關縣北，洮水從東南來流注之。河水又東北流入西平郡界，左合二川南流。（又河）河水東又逕澆河故城北，又東北逕黃川城。河水又東逕石城南，左合北谷水，又東北逕廣違城北，又合鳥頭川水。河水又東，臨津溪水注之，東逕赤岸北，洮水注之，又東過金城、允吾、榆中、天水、安定北界麥田山，河水東北流，逕於黑城北，又東北，高平川水注之，又北過北地富平縣西。

以後俱逕晉地。

又南出龍門口，汾水從東來注之。南逕子夏石室，又南至華陰潼關，渭水從西來注之。河水歷船司空❶，與渭水會。河水又東北，玉澗水注之，又東過砥柱間，河之右則崤水注之。河水又東，千崤之水注焉，又東過平陰縣北，又東至鄧清，水從西北來注之，又東逕平陰縣北，河水右會湛水。河水又東過平陰縣北，湛水從北來注之。河水又東，逕洛陽縣北。河水又東，淇水入焉，又東，沛水注焉，又東，過鞏縣北，洛水從縣西北流注之，又東，過成皋縣北，濟水從北來注之。河水東逕成皋大伾山下，南對玉門，又東合汜水。又東逕五龍塢北，又東過滎陽縣，

---

❶ 船司空　古縣名。漢高祖五年在潼關設船司空衙門，管河、渭水運。後以船司空爲縣名，隸京兆尹。漢末並入華陰。

浪蕩渠出焉。河水又東北，逕卷之扈亭北，〔武〕德縣東，沁水從之，東至酸棗縣西，濮水東出焉。河水又東北，通謂之延津，又逕東燕縣故城北，則有濟水自北來注之。河水又東，淇水入焉，又東，逕遮害亭南，又右逕滑臺城，又東北過黎陽縣南，自津東北逕涼城縣，又東北逕伍子胥廟南，又東北為長壽津。至于大陸，北播于九河。以後俱逕衛、魯、趙地北入海。

《元史·河源附錄》：

河源古無所見。《禹貢》導河，止自積石。漢使張騫持節通西域，度玉門，見二水交流，發葱嶺，（超）〔趨〕❶于闐，匯塩澤，伏流千里，至積石而再出。唐薛元鼎使吐蕃，訪河源，得之於悶磨黎山。然皆歷歲月，涉艱難，而其所得不過如此。世之論河源者又皆推本二家。其說恠誕，總其實皆非本真。意者，漢唐之時外夷未盡臣服，而道未盡通，故其所往，不無迂回艱阻，不能直抵其處而究其極也。

元有天下，薄海内外，人迹所及，皆置驛傳，使驛往來如行國中。至元十七年，命都實為招討使，佩金虎符往求河源。都實既受命，是歲至河州。州之東六十里有寧河驛，驛西南六十里有山，曰殺馬關，林麓窮隘，舉足浸高，行一日至巔。西去愈高，四閱月始抵河源。是冬還報，并圖其城、傳位置以聞。其後翰林學士潘昂霄從都實之弟闊闊出得其說，撰為《河源〔志〕❷》。臨川朱思本又從公八里吉思家得帝師所藏梵字圖書，而以華文譯之，與昂霄所

---

❶ "超"為"趨"之誤。據《元史·河渠志》改。

❷ 此處原脱"志"字。據《元史·河渠志》補。

志互有詳略。今取二家之書，考定其說，有不同者附注于下。

按河源在吐蕃朵甘思西鄙，有泉百餘泓，沮洳散渙，弗可逼視，方可（方）〔七〕八十里❶。履高山下瞰，燦若列星，以故名火敦腦兒。火敦譯言星宿也。思本曰：河源在中州西南，直四川馬湖蠻部之正西三千餘里，雲南麗江宣撫司之西北一千五百餘里，帝思撒思加地之西南二千餘里。水從地涌出，入井。其井百餘。東北流百餘里，匯為大澤，曰火敦腦兒。群流奔轊近五七里，匯二巨澤，名阿剌腦兒。自西而東連屬吞噬，行一日，迤邐東鶩成川，號赤賓河。又二三日，水西南來，名赤里出，與赤賓河合。又三四日，水來南，名忽闌。又水東南來，名也里朮。合流入赤賓。其流浸大，始名黃河。然水猶清，人可涉。思本曰：忽闌河源出自南山。其地大山峻嶺，綿亙千里，水流五百餘里，注也里出河也。里出河源亦出自南山，西北流五百餘里與黃河合。又一二日，岐為八九股，名也孫幹倫，譯言九渡，通廣五七里，可度馬。又四五日，水渾濁，土人抱革囊騎過之。聚落糾木幹象舟，傅髦革以濟，僅容兩人。自是兩山峽束，廣可一里、二里，或半里，其深巨測。朵甘思東北有大雪山，名亦耳麻不莫剌，其山最高，譯言騰乞里塔，即崑崙也。山腹至頂皆雪，冬夏不消。土人言遠年成冰時，六月見之，自八九股水至崑崙，行二十日。思本曰：自渾水東北流一百餘里，與懷里火禿河合。懷里火禿河源自南山，正北偏西流八百餘里與黃河合。又東北流一百，過即麻哈地。又正北流一百餘里，乃折而西北流二百餘里，又折而正北流一百餘里，又折西而東流過崑崙山下，番名亦耳麻不剌，其山高峻非常。山麓綿亙五百餘里，河隨

❶ "方"為"七"之誤，據《南村輟耕錄》卷二十二改。

山足東流，過撒思家，（即闊）〔闊即〕闊提地❶。河行崑崙南半日❷，又四五日，至地名而闊及闊提。二地相屬。又三日，地名哈剌別里赤兒，四達之衝也，多寇盜，有官兵鎮之。近北二日河水過之。思本曰：河過闊提與亦西八思今河合。亦西八思今河源自鐵豹嶺之北，正北流几五百餘里而與黃河合。崑崙以西，人簡少，多處山南。山皆不穿峻，水益散漫。獸有氂牛、野馬、狼狍、羱羊之類。其東山益高，地益漸下，岸狹隘，有狐可一躍而越之處。行五六日，有水西南來，名納隣哈剌，譯言細黃河也。思本曰：哈剌河自白狗嶺之北，水西北流五百餘里與黃河合。又兩日，水南來，名乞兒馬出，二水合流入河。思本曰：自哈剌河與黃河合，正北流二百餘里，過河以伯站，折而西北流，經崑崙之北二百餘里與乞里馬出河合。乞里馬出河源自威茂州之西北岷山之北，水北流即占當州境，正北流四百里，折而西北流，又五百餘里與黃河合。河水北行，轉西流，過崑崙北，一向東北流，約行半月，至歸德州，地名必赤里，始有州治官府。州隸吐蕃等處宣慰司，司治河州。又四五日至積石州，即《禹貢》積石。五日，至河州安鄉關。一日，至打羅坑。東北行一日，洮河水南來入河。思本曰：自乞里馬出河與黃河合，又西北流與鵬拶河合。鵬拶河源自鵬拶山之西北，水正西流七百餘里，通禮塞塔失地與黃河合。折而西北流三餘里，又折而東北流，過西寧州貴德州、馬嶺，凡八百餘里，與邀水合。邀水源自青唐宿軍谷正東，流五百餘里，過三巴站，與黃河合。又東北流，過土橋站、古積石州、來羌城、廓州、搆米站、界都城，凡五百餘里，過州與野龐河合。野龐河源自西傾山之北，水東北流凡五百餘里與黃河合。又東北流一百餘里過踏白城、銀川站，與湟水、浩亹河合。湟水源自祁連山下，正東流一千餘里，注浩亹河。浩亹河源自刪丹州之南刪丹州下，水東南

---

❶ 原文作"即闊"。據《元史》卷六三《地理六·河源附錄》及《南村輟耕錄》卷二十二《黃河源》改。

❷ 此句原文爲小字，疑誤，應爲正文，非釋文。

13

流七百餘里注黃水，然後與黃河合。又東北流一百餘里與洮河合。洮河源自羊撒嶺北，東北流過臨洮府，凡八百餘里，與黃河合。又一日至蘭州，過北卜渡，至鳴沙（河）〔州〕❶。過應吉里州，正東行，至寧夏府南，東行既東勝州，隸大同路。自發源至漢地，南北澗溪，細流旁貫，莫知紀極。山皆草石，至積石方林木暢茂。世言河九折，彼地有二折，蓋乞兒馬出及貴德必赤里也。思本曰：自飛水與河合，北流過達地，凡八百餘里。過豐州西受降城折而正東流，過達達地古夫德軍中受降城、東受降城，凡七百餘里。折而正南流，過大同路雲內州、東勝州，與黑河合。黑河源自漢陽嶺之南，水正西流，凡五百里，與黃河合。又正南流過保德州及與州境，又過臨州，凡一千餘里與吃那合。吃那河源自古宥州東南，流通陝西省綏德州，凡七百餘里，與黃河合。又南流三百餘里與延安河合。延安河源自陝西蘆子關亂山中，南流三百餘里，過延安府，折而正東流，三百里與黃河合。又南流三百里與汾河合。汾河源自河東朔武州之南亂山中，西南流過管州，冀寧路汾州、霍州，晉寧路絳州，又西流至龍門，凡一千二百餘里始與黃河合。又南流二百里，過河中府，過潼關與太華，太山綿亙，水勢（水）〔不〕❷可復南，乃折而東流，大槃河源東北流所歷皆西蕃地，至蘭州凡四千五百餘里始入中國。又東北流過達達地凡二千五百餘里，始入河東境內。又南流至河中一千八百餘里，通計九千餘里。

國朝《河南總志》所載河源及流雖略於古説，然詳于近蹟。今亦附錄于后。

黃河源出西蕃星宿海，貫山中。出至西戎，名細黃河，繞崑崙至積石，經陝西、山西境界，至河中、潼關，流經河南之閿鄉、靈寶、陝、汅池、新安、濟源、孟津、孟、鞏、溫、氾水、武陟、河陰、原武、滎澤、陽武、中牟、祥符、尉氏、陳留、通許、杞、太康、睢、寧陵、歸

---

❶ 原文爲"鳴沙河"。《南村輟耕録》卷二十二作"鳴沙州"，據改。

❷ 原文爲"水"，今據《元史》卷二十二改爲"不"。

德諸州縣，至直隸亳縣馬丘村合馬腸河，城西北合渦河，
東至直隸懷遠縣之荆山合淮。其在孟津，西有楊家灘。西
北有維家灘、杏園灘、馬糞灘，築護民堤三百十五丈，永
安堤一百二十丈，以防漫流。又有支流，一自祥符縣西南
八角決八安家河。一股從朱仙鎮間店流經尉氏；一股從三
里岡、劉岡流經通許北境，俱至扶溝鐵佛寺合流，經西
華，會沙河、穎河，入北湖，又經商水、項城之南頓，至
直隸壽州，西至正陽鎮合淮。一自祥符縣白墓子岡決入，
流經通許、杞、太康之馬廠集，舊名馬廠河。又經柘城
縣、鹿邑東北境合渦河，至亳縣北關仍入本河，合淮俱
入海。

卷 之 二

河決考 河徙壅附

周定王五年河徙砱礫。

晉景公十五年，《穀梁傳》曰：梁山崩，壅河三日不流。晉君召伯尊，伯尊遇輦者，問焉。輦者曰："君親素縞，帥群臣哭之，既而祠焉，斯流矣。"伯尊至君問之，伯尊如其言，而河流。《左傳》曰伯宗。

漢文帝十二年冬十二月，河決酸棗，東潰金堤。

武帝建元三年，河水溢于平原。元光三年春，河水徙，從頓丘東南流。夏，復決濮陽瓠子，注鉅野，通淮、泗，泛郡十六。

元帝永光五年冬十二月，河決。初武帝既塞宣房，後河復北決於館陶，分為屯氏河，東北入海，廣深與大河等，故因其自然，不隄塞也。是歲，河決清河靈鳴犢口，而屯氏河絕。

成帝建始四年夏四月，河決東郡金堤，灌四郡三十二縣居地十五萬頃，壞官亭廬舍且四萬所。

河平三年秋八月，河復決平原，流入濟南、千乘，所壞敗者半建始時。復遣王延世作治，六月乃成。鴻嘉四年秋，渤海、清河、信都河水溢溢，灌縣邑三十一，敗官亭民舍四萬餘所。

新莽三年，河決魏郡，泛清河以東數郡。先是，莽恐河決，為元城塚墓害，及決東去，元城不憂水，故遂不隄塞。

唐玄宗開元十年，博州河決。十四年，魏州河溢。十五年，冀州河溢。

昭宗乾寧三年夏四月，河漲，將毀滑州，朱全忠決為二河，夾城而東，為害滋甚。

後唐同光二年秋七月，唐發兵塞決河。先是，梁攻楊劉，決河水以限晉兵。梁所決河連年為曹、濮患，命將軍婁繼英督汴、滑兵塞之，未幾復壞。

晉天福二年，河決鄆州。四年，河決博州。六年，河決滑州。開運三年秋七月，河決楊劉，西入莘縣，廣四十里，自朝城北流。

漢乾祐元年五月，河決魚池。三年六月，河決鄭州。

周廣順二年十二月，河決鄭州、滑州，周遣使俻塞。周主以決河為憂，王浚請自行視，許之。周塞決河三月，澶州言：天福十一年，黃河自觀城縣界楚里村隄決，東北經臨黃、觀城兩縣，隔絕鄉村人戶。今觀城在河北，隔三村在河南；今臨黃在河南，隔八村在河北。官吏節級徵督賦租，取路於州橋，迂曲僅數百里，每事多違程限。其兩縣所隔村鄉，擬廻〔換〕管係❶，所冀便於徵督。候堙隄岸，河流復故，兩縣仍舊收管。從之。

宋太祖乾德二年，赤河決東平之竹村，七州之地復罹水災。三年秋，大雨霖，開封府河決陽武。又孟州水漲，壞中潬橋梁。澶、鄆亦言河決。四年八月，滑州河決，壞靈河縣大隄。開寶四年十一月，河決澶淵，泛數州。官守不時上言，通判、司封郎中姚恕棄市，知州杜審肇坐免。

太宗太平興國二年秋七月，河決孟州之溫縣、鄭州之

❶ 原文"廻"後脫〔換〕字。今據《册府元龜》改。

17

滎澤、澶州之頓丘。七年，河大漲，釃清河，凌鄆州，城
將陷，塞其門。急奏以聞，詔殿前承旨劉吉馳往固之。八
年五月，河大決滑州韓村，泛澶、濮、曹、濟諸州民田，
壞居人廬舍，東南流至彭城界，入于淮。九年春，滑州復
言房村河決。淳化四年十月，河決澶州，陷北城，壞廬舍
七千餘區。

真宗咸平三年五月，河決鄆州王陵埽，浮鉅野，入
淮、泗，水勢悍激，侵迫州城。景德元年九月，澶州言河
決橫壠埽。四年又壞王八埽，並許❶詔發兵夫完治之。大
中祥符三年十月，判河中府陳堯叟言："白浮圖村河水決
溢，為南風激還故道。"明年，遣使滑州，經度兩岸，開減
水河。九月，棣州河決聶家口。五年正月，本州請徙城。
帝曰："城去決河尚十數里，居民重遷。"命使完塞。既
成，又決于州東南李氏灣❷，環城數十里民舍多壞。又請
徙商河。役興踰年，雖扞護完築，裁免決溢，而湍流益
暴，壖地益削，河勢高民屋殆踰丈矣。民苦久役，而終憂
水患。六年，乃詔徙州于陽信之八方寺。七年，詔罷葺遥
堤以養民力。八月，河決澶州大吳埽。天禧三年六月乙未
夜，滑州河溢城西北天臺山旁，俄復潰于城西南，岸摧七
百步，漫溢州城，歷澶、濮、曹、鄆，注梁山泊，又合清
水古汴渠，東入于淮。州邑罹患者三十二。

仁宗天聖六年六月，河決澶州之王楚埽，凡三十步。
明道二年，徙大名之朝城縣于社婆村，廢鄆州之王橋渡、

---

❶ 《宋史》卷九十二《河渠一·黄河上》無此"許"字。可備考。
❷ 原文"李氏灣"之"氏"在《宋史·河渠一·黄河上》作"民"。不
知孰是，存疑備考。

淄州之臨河鎮以避水。景祐元年七月，河決澶州橫隴埽。慶曆八年六月癸酉河決商胡埽，決口廣五百五十七步。皇祐元年三月，河合永濟渠注乾寧軍。二年七月辛酉，河復決大名府舘陶縣之郭固。四年正月乙亥，塞郭固而河勢猶壅，議者請開六塔以披其勢。嘉祐元年夏四月壬子朔，塞商胡北流，入六塔河，不能容，是夕復決，溺兵夫、漂芻藁不可勝計。令三司塩鐵判官沈立往行視，而脩河官皆謫竄。

神宗熙寧元年六月，河溢恩州烏攔堤，又決冀州棗強埽，北注瀛。七月，又溢瀛州樂壽埽。四年七月辛卯，北京新堤第四、第五埽決，漂溺舘陶、永濟、清陽以北。八月，河溢澶州曹村。十月，溢衞州王供。時新堤凡六埽，而決者二，下屬恩、冀，貫御河，奔衝為一。十年五月，滎澤河決，急詔判都水監俞光往治之。是歲七月，河復溢衞州王供及汲縣上、下埽、懷州黃沁、滑州韓村。乙丑，遂大決於澶州曹村。澶淵北流斷絕，河道南徙，東匯于梁山張澤濼，分為二派，一合南清河入于淮，一合北清河入于海。凡灌郡縣四十五，而濮、濟、鄆、徐尤甚，壞田逾三十萬頃。丘公《大學衍義補》曰：此黃河入淮之始，然（北）〔此〕時其支流由汴入泗，至清河口入淮者耳。

八月，又決鄭州滎澤。元豐元年四月丙寅，決口塞，詔改曹村埽曰靈平。五月甲戌，新堤城，閉口斷流，河復歸北。三年七月，澶州孫村陳埽及大吳、小吳埽決。四年四月，小吳埽復大決，自澶注入御河，恩州危甚。五年六月，河溢北京內黃埽。七月，決大吳埽堤，以紓靈平下埽危急。八月，河決鄭州原武埽，溢入利津陽武溝、刀馬河，歸納梁山濼。七年七月，河溢元城埽決，橫堤破。

八年三月，哲宗即位，宣仁聖烈皇后垂簾。河流雖北，而孫村低下，夏、秋霖雨，漲水往往東出。小吳之決既未塞，十月，又決大名之小張口，河北諸郡被水災。元符三年四月，河決蘇村。

徽宗大觀元年丙申，邢州言：河決，陷鉅鹿縣，詔遷縣於高地。庚寅，冀州河溢，壞信都、南宮兩縣。六年四月辛卯，高陽關路安撫使吳玠言冀州棗強縣黃河清，詔許稱賀。七月戊午，太師蔡京請名三山橋銘閣曰"纘禹繼文之閣"，門曰"銘功之門"。十月辛卯，蔡京等言："冀州河清，乞拜表稱賀。"宣和元年九月辛未，蔡京等言："南丞管下三十五埽，今歲漲水之後，岸下一例生灘，河行中道，實由聖德昭格，神祇順助，望宣付史舘。"詔送秘書省。二年九月己卯，王黼言："昨孟昌齡計議河事，至滑州韓村埽檢視，河流衝至寸金潭，其勢就下，未易御遏。近降詔旨，令就畫定港灣，對開直河。方議開鑿，忽自成直河一道，寸金潭下，水即安流。在役之人聚首仰嘆。乞付史舘，仍帥百官表賀。"從之。三年六月，河溢冀州信都。十一月，河決清河埽。是歲，水壞天成、聖功橋，官吏刑罰有差。

元世祖至元九年七月，衛輝路新鄉縣廣盈倉南河北岸決五十餘步，八月又崩一百八十三步，其勢未已，去倉止三十步。二十三年，河決，衝突河南郡縣凡十五處，役民二十餘萬塞之。二十五年，汴梁路陽武縣諸處河決二十二所，漂蕩麥禾房舍，委宣慰司督本路差夫脩治。

成宗大德元年秋七月，河決杞縣蒲口，塞之。明年蒲口復決。塞河之役無歲無之。是後水北入，復河故道。二年秋七月，大雨，河決，漂歸德屬縣田廬禾稼。三年五月，河南省言："河決蒲口兒等處，侵歸德府，數郡百姓被災。"

武宗至大二年秋七月，河決歸德，又決封丘。

仁宗延祐七年七月，汴城路言："滎澤縣六月十一日河決塔海莊東堤十步餘，橫堤兩重，又決數處。二十三日夜，開封縣蘇村及七里寺復決二處。"

泰定帝泰定二年五月，河溢汴梁。三年，河決陽武，漂民居萬六千五百餘家，尋復壞汴梁樂利堤，發丁夫六萬四千人築之。

文宗至順元年六月，曹州濟陰縣河防官言："六月五日，魏家道口黃河舊堤將決，不可脩築，募民脩護水月堤，復於近北築月堤，未竟，至二十一日水忽泛溢，新舊三堤一時咸決，明日外堤復壞，有蛇時出沒於中，所下樁土一掃無遺。"

順帝至正四年夏五月，大雨二十餘日，黃河暴溢，水平地深二丈許，北決白茅堤。六月，又北決金堤。並河郡邑濟寧（軍）〔單〕❶州、虞城、碭山、金鄉、魚臺、豐、沛、定陶、楚丘、武城❷，以至曹州、東明、鉅野、鄆城、嘉祥、汶上、任城等處皆罹水患，民老弱昏墊，壯者流離四方。水勢北侵安山，沿入會通運河，延袤濟南、河間，將壞兩漕司塩塲。五年河決濟陰，漂官民廬舍殆盡。六年，是歲河決。二十六年春二月，黃河北徙。先是，河決小疏口，達于清河，壞民居，傷禾稼。至是復北徙，自東明、曹、濮，下及濟寧，民皆被害。

---

❶ 原文爲"軍州"。《元史·河渠三》作"單州"，據改。
❷ 武城　疑爲"成武"。

國朝洪武二十四年，河決原武之黑陽山，東經開封城北五里，又南行至項城，經潁州、潁上，東至壽州正陽鎮，全入于淮，而故道遂淤。

永樂九年，復疏入故道。

正統十三年，又決滎陽東，過開封城之西南，自是汴城在河之北矣。又東南經陳留，自亳入渦口，又經蒙城至懷遠東北而入淮焉。

天順六年，河溢，決開封城北門，潃毀官民軍舍。

弘治二年，河徙汴城東北，過沁水，溢流為二，一自祥符于家莊，經蘭陽、歸德，至徐、邳入于淮；一自荊隆口黃陵岡經曹、濮達張秋。所至壞民田廬。六年夏，雨漲，遂決張秋東岸，并汶水奔注于海，運道淤涸。

正德四年九月，河決曹縣楊家口，長四百五十丈，水深三丈，奔流曹、單二縣，達古蹟王子河，直抵豐、沛，舟楫通行，遂成大河。五年二月，起工脩治，至五月中，雨漲，埽臺衝蕩，不克完合。八年七月，河決曹縣以西娘娘廟口、孫家口二處，從曹縣城北東行，而曹、單居民被害益甚。本年四月二十四日，驟雨，漲，娘娘廟口以北五里焦家口衝決，曹、單以北，城武以南，居民田廬盡被漂沒。

附録：

黃河故道古自陽武北、新鄉西南入境，東北經延津、汲、胙城，至北直隸濬縣太伾山，北入海，即《禹貢》"導河東過洛汭，至於大伾"處地。至魏郡鄴縣，有故大河在東北，直達于海，疑即禹之故河也。周定王五年，河徙，則非禹之所穿。漢文帝十二年，河決酸棗東南，流經封丘，入北直隸長垣縣，至山東東昌府濮州、張秋入海。

五代至宋，兩決鄭州及原武東南、陽武南，流經封丘于家店、祥符金龍口、陳橋，北經蘭陽、儀封，入山東曹縣境，分為二派，其一東南流至徐州入泗，其一東北流，合會通河。

國朝洪武七年至十八年、二十四年，陽武、原武、祥符凡四度潏沒護城堤，又決陽武西南，東南流經封丘陡門、祥符東南草店村，經府城北五里東過焦橋，南過蘇村，至通許西南分九道，名九龍口，又南至扶溝、太康、陳、項城諸州縣境，入南直隸太和縣合淮。正統十三年，河溢，仍循陽武故道直抵張秋入海。今皆淤平地。其自滎陽縣築堤至千乘海口，千餘里，名金堤。自河內北至黎陽為石隄。激使東抵東郡（為）平剛❶，西北抵黎陽觀下，東北抵東郡津北，西北至魏郡昭陽。又自汲縣築堤，東接胙城，抵直隸滑縣界，西接新鄉、獲嘉縣界，東南接延津縣界，名護河堤。在滎陽縣東南二十里，中牟縣東北境名官渡，即曹操與袁紹分兵相拒處，築城築臺，皆名官渡。在汲縣東南境名延津，置關亦名延津，又置關名金堤。在新鄉南境有八柳渡，皆因河徙而廢。

國朝于祥符置河清巡檢司，清河、大梁、陳橋三驛，陳橋遞運所。封丘縣置中灤巡檢司，中灤、新莊二驛。儀封縣置大岡驛，大岡遞運所。通許縣置雙溝驛。太康縣置義安驛，長嶺遞運所。扶溝縣置崔橋驛。陳州置宛丘驛，淮陽遞運所。項城縣置武丘驛。皆因河徙而革。

黃陵岡口塞於弘治乙卯，築三巨壩而防護之，逼水南行，運道無虞矣。正德癸酉，巨浪橫奔，頭壩、二壩俱打在河南，止存三壩。暴水湧衝，壩去十分之八。總理副都御史保定劉公齋沐致祭，退百二十步，事聞朝廷，天子遣

---

❶ 原文有衍字"為"。今據《漢書‧溝洫志》刪。

劉公諭祭謝焉。今正德丙子，又北侵，水至大堤，欽差總
理河道、工部右侍郎兼都察院左僉都御史安福趙公同漳於
季春沐浴齋戒以祭河神。季夏水發，漳又潔己而祭，遂遠
退八里。曹、濮等處兵備兼理河道新安吳漳書。

王氏炎曰：周定五年河徙，已非禹之故道。漢元光三
年河徙東郡，更注渤海，繼決于瓠子，又決于魏之舘陶，
遂分為屯氏河。大河在西，屯河在東，二河相並而行。元
帝永光中又決於清河靈鳴犢口，則河水分流，入于博州，
屯河始壅塞不通。後二年，又決於平原，則東入濟、入青
以達于海，而下流與漯為一。王莽時河遂行漯川，大河不
行於大伾之北，而遂行於相、魏之南，則山澤在河之瀕者，
支川與河之相貫者，悉皆易位，而與《禹貢》不合矣。

方氏曰：建紹後黃河決入鉅野，溢于泗以入于淮者，
謂之南清河。由汶合濟，至滄州以入海者謂之北清河。是
時淮僅受河之半。金之亡也，河自開封北衛州決而入渦河
以入淮，一淮水獨受大黃河之全以輸之海。濟水之絶于王
莽時者，今其原出河北溫縣，猶經枯黃河中以入汶，而後
趨海。清濟貫濁河遂成虛論矣。

新安陳氏曰：方氏得於身經目覩，與諸家據紙上而說
者不同。合程王說而參觀之，可見古今河道之大不同。又
因方說，而後濟水之入河復溢出於河者，顯然可見矣。

卷 之 三

議河治河考（一）

陶唐氏。導河積石，至于龍門，南至于華陰，東至于砥柱，又東至于孟津，東過洛汭，至于大伾，北過洚水，至于大陸，又北播為九河，同為逆河入于海。

禹抑鴻水十三年，過家不入門。陸行載車，水行載舟，泥行蹈毳，山行即橋。以別九州，随山浚川，任土作貢。通九道，陂九澤，度九山。然河菑衍溢中國也尤甚。唯是為務。故導河自積石歷龍門，南到華陰，東下底柱，及孟津、雒汭，至於大伾。於是禹以為河所從來者高，水湍悍，難以〔行〕❶平地，數為敗，乃廝二渠以引其河。北載之高地，過洚水，至於大陸，播為九河，同為逆河，入於渤海。九州既疏，九澤既灑，諸夏乂安，功施於三代。

漢文帝十二年冬十一月，河決酸棗，東潰金隄。興卒塞之。

武帝元光三年春，河決濮陽瓠子。天子使汲黯、鄭當時發卒十萬塞之，輒復壞。是時（分）田蚡奉邑食（鄃）〔鄃〕，鄃居河北❷。河決而南，則（鄃）〔鄃〕無水災，邑多收。蚡言於上曰："江河之決皆天事，未易以人力強

---

❶　原文此處脫"行"字。今據《史記·河渠書》補。

❷　《史記·河渠書》："是時武安侯田蚡為丞相，其奉邑食鄃。鄃居河北。"是知"分"為衍文，鄃為鄃之誤。故刪改。

25

塞。"望氣者亦以為然，於是久不塞。元封二年夏，帝臨，塞決河，築宣防宫。初，河決瓠子，二十餘歲不塞，梁、楚尤被其害，是歲發卒數萬人塞之。帝自封禪太山還，自臨決河，沉白馬玉璧，令群臣負薪，卒填決河。築宫其上，名曰"宣防"。導河北二渠，復禹舊迹。時武帝方事匈奴，興功利。齊人延年上書言："河出崑崙，經中國，注渤海，是地勢西北高而東南下也。可案圖書，觀地形，令水工準高下，開大河上領，出之胡中，東注之海。如此關東長無水災，北邊不憂匈奴，可以省隄防備塞、士卒轉輸、胡寇侵盜、覆軍殺將、暴骨原野之患。此功一成，萬世大利。"書奏，帝壯之，報曰："延年計議甚深。然河廼大禹之所導也，聖人作事，為萬世功，通於神明，恐難改更。"桓譚《新（語）〔論〕❶》曰：大司馬張仲義曰："河水濁，一石水六斗泥。而民競決河溉田，令河不通利。至三月桃花水至則決，以其壒不泄也。可禁民勿復引河。"

成帝建始四年，先是，清河都尉馮逡奏言："郡承河上流，土（壞）〔壤〕輕脆易傷。頃所以闊無大害者，以屯氏河通，兩川分流也。今屯氏河塞，靈鳴犢口又益不利，獨一川兼受數河之任，雖高增堤防，終不能泄。如有霖雨，旬日不霽，必盈溢。九河今既難明，屯氏河絕未久，其處易浚。又其口所居高於分殺水力，道理便宜，可復浚以助大河泄暴水，備非常。不豫脩治，北決病四五郡，南決病十餘郡，然後憂之晚矣。"事下丞相、御史，以為方用度不足，可且勿浚。至是大雨水十餘日，河果大決東郡金隄。成帝時河決潰金隄，凡灌四郡。杜欽薦王延

---

❶ 原文爲"新語"，爲"新論"之誤。故改之。

世為河隄使者。延世以竹落，長四丈，大九圍，盛以小石，兩船夾載而下之。三十六日隄成，改元河平。

鴻嘉四年楊焉言：「從河上下，患底柱隘，可鐫廣之。」上從其言，使焉鐫之。鐫之裁沒水中，不能去，而令水益湍怒，為害甚於故。是歲，渤海、清河、信都河水溢溢，灌縣邑三十一，敗官亭民舍四萬餘所。河隄都尉許商與丞相史孫禁共行視，圖方略。禁以為：「今河溢之害數倍於前決平原時。今河決平原金隄間，開通大河令入故篤馬河。至海五百餘里，水道浚利。又乾三郡水地，得美田且二十餘萬頃，足以償所開傷民田廬處，又省吏卒治堤救水歲三萬人以上。」許商以為：「古說九河之名，有徒駭、胡蘇、鬲津，今見在成平、東光、鬲界中。自鬲以北至徒駭間相去二百餘里，今河雖數移徙，不離此域。孫禁所欲開者，在九河南篤馬河失水之迹處，勢平夷，旱則淤絕，水則為敗，不可許。」❶公卿皆從商言。先是谷永以為：「河，中國之經瀆，聖王興則出圖書，王道廢則竭絕。今潰溢橫流，漂没陵阜，異之大者也。脩政以應之，災變自除。」是時李尋、解光亦言：「陰氣盛則水為之長，故一日之間，晝減夜增，江河滿溢，所謂水不潤下，雖常於卑下之地，猶日月變見於朔望，明天道有因而作也。眾庶見王延世蒙重賞，競言便巧，不可用。議者，常欲求索九河故迹而穿之，今因其自決，河且勿塞，以觀水勢。河欲居之，當稍自成川，挑出沙土，然後順天心而圖之，必有成功，而用財力寡。」於是遂止不塞。滿昌、師丹等數言百姓可哀，

---

❶ 《漢書・溝洫志》標點本作「在九河南篤馬河，失水之迹，處勢平夷」，標點有誤。

上數遣使者處業賑贍之。

哀帝初，平當奏言："九河今皆寘滅。按經義，治水有決河深川，而無堤防壅塞之文。河從汲郡以東北多溢決，水迹難以分明。四海之衆不可誣，宜博求能浚川疏河者。"下丞相孔光、大司空何武，奏請部刺史、三河、弘農太守舉吏民能者，莫有應書。待詔賈讓言：

"治河有上中下策。古者立國居民，彊理土地，必遺川澤之分，度水勢所不及。大川無防，（水）〔小〕水得入，陂障卑下以為行潦，使秋水得有所休息，左右游波，寬緩而不迫。夫土之有川猶人之有口也，治土而防其川，猶止兒啼而塞其口，豈不遽止，然其死可立而待也。故曰："善為川者決之使道，善為民者宣之使言。"蓋堤防之作，近起戰國，壅防百川，各以自利。齊與趙、魏以河為境。趙、魏瀕山，齊地卑下，作隄去河二十五里。河水東抵齊隄則西而泛趙、魏。趙、魏亦為堤，去河二十五里。雖非其正，水尚有所遊盪。時至而去，則填淤肥美，民耕田之。或久無害，稍築室宅，遂成聚落。大水時至漂没，則更起隄防以自救，稍去其城郭，排水澤而居之，湛溺固其宜也。今隄防陿者去水數百步，遠者數里。近黎陽南故大金隄，從河西西北行，至西山南頭，迺折東，與山相屬。民居金隄東，為廬舍，（住）〔往〕❶十餘歲更起堤，從東山南頭直南，與故大堤會。又內黃界中有澤方數十里，環之有堤。（住）〔往〕十歲，太守而賦民，民今起廬舍其中，此臣親所見者也。東郡白馬故大堤亦復數重，民

---

❶　原文爲"住"。《漢書》點校本據王念孫說，以"住"爲"往"，據此改。

皆居其間。從黎陽北盡魏界，故大堤去河遠者數十里，內
亦數重此皆前世所排也。河徙内黄北至黎為石堤，激使東
抵東郡平岡，又為石堤，使西北抵黎陽、觀下。又為石
隄，使東北抵東郡津北。又為石（抵）〔隄〕，使西北抵魏
郡昭陽。又為石堤，激使東北。百餘里間河再西三東，迫
阨如此，不得安息。

今行上策，徙冀州之民當水衝者，決黎陽遮害亭，放
河使北入海。河西薄大山，東薄金堤，勢不能遠泛濫，期
月自定。難者將曰：“若如此，敗壞城郭、田廬、塚墓以
萬數，百姓怨恨。”昔大禹治水，山陵當路者毀之，故鑿
龍門，闢伊闕，拆砥柱，破碣石，墮斷天地之性。此乃人
功所造，何足言也。今瀕河十郡治隄歲費且萬萬，及其大
決，所殘無數。如出數年治河之費以業所徙之民，遵古聖
之法，定山川之位，使神人各處其所，而不相奸。且以大
漢方制萬里，豈其與水爭咫尺之地哉？此功一立，河定民
安，千載無患，故謂之上策。

若乃多穿漕渠，臣竊按視，遮害亭西十八里至淇水
口，乃有金堤，高一丈。是自東地稍下，隄高至遮害亭，
高四五丈。往五六歲，河水大盛，增丈七尺，壞黎陽南郭
門，入隄下，水未踰隄二尺所，從隄上北望，河高出門，
百姓皆走上山。水流十三日❶，隄潰，吏民塞之。臣循隄
上，行視水勢，南七十餘里至淇口，水適至隄半，計出地
上五尺所，今從可淇口以東為石隄，多張水門。初元中，
遮害亭下河去（東）〔堤〕❷足數十步，至今四十餘歲，適

---

❶ 原文“流”，《漢書·溝洫志》作“留”。存此備考。

❷ 原文爲“東”字，悮。據《漢書》及上下文改。

至隄足。由是言之，其地堅矣。恐議者疑河大川難禁制，滎陽漕渠足以止●之，其水門但用木與土耳，今據堅地作石隄，勢必完安。冀州渠首盡當仰此水門。治渠非穿地也。但為東方一隄，北行三百餘里入漳水，其西因山足地高，諸渠皆往往股引取之，旱則開東方下水門溉冀州，水則開西方高門分河流。通渠有三利不通有三害。民常罷於救水，半失作業，此一害也；水行地上，湊潤上徹，民則病濕氣，木皆立枯，鹵不生穀，此二害也；決溢有敗，為魚鱉食，此三害也。若有渠溉，則塩鹵下濕，填淤加肥，此一利也；故種禾麥，更為粳稻，高田五倍，下田十倍，此二利也；轉漕舟船之便，此三利也。今瀕河隄吏卒郡數千人，伐買薪石之費歲數千萬，足以通渠成水門。又民利其灌溉，相率治渠，雖勞不罷。民田適治，河隄亦成，此誠富國安民，興利除害，支數百歲，故謂之中策。

若繕完故隄，增卑倍薄，而勞費無已，數逢其害，此最下策也。

丘公《大學衍義補》曰：古今言治河者，蓋未有出賈讓此三策者。

平帝元始四年，又徵能治河者以百數，其大略異者，長水校尉關並言：「河決率常於平原、東郡左右，其地形本下，水勢惡，聞禹治河時本空此地。秦漢以來，河決不過百八十里，可空此地，勿以為官亭民室。」御史韓牧以為：「可略於禹貢九河處穿之，但為四、五宜有益。」大司空掾王橫言：「河入渤海，地高於韓牧所欲穿處。往者海溢，西南出，浸數百里，九河之地已為海所漸矣。禹之行

● 原文為"止"字，意不通。據《漢書・溝洫志》改作"卜"字。

河，水本從西山下東北去。《周譜》云："定王五年河徙。"
今則所行非禹之穿也。又秦攻魏，決河灌之。決處遂大，
不可復補。宜更開空，使緣西山足，乘高地而東北入海，
乃無水災。"司掾桓譚與其議❶，為甄豐言："凡此數者，
必有一是，宜詳考驗，皆可豫見。計定然後舉事，費不過
數億萬，亦可以事諸浮食無產業民衣食。縣官而為之作，
乃兩便。"時莽但崇空語，無施行者。

丘公《大學衍義補》曰：西漢一代，治河之策盡見於
此。大約不過數説，或築堤以塞之，或開渠以疏之，或作
竹落而下以石，或聽其自決以殺其勢，或欲徙民居放河入
海，或欲穿水門以殺其勢，或欲空河流所注之地，或欲尋
九河故道。桓譚謂數説必有一是，詳加考驗，豫見計定，
然後舉事。以今觀之，今古言河者皆莫出賈讓三策，其所
以治之之法，又莫出元賈魯疏、濬、塞之三法焉。

明帝永平十四年夏四月，脩汴渠堤。

初，平帝時，河、汴決壞，久而不脩。建武十年，光
武欲脩之，浚儀令樂俊上言："民新被兵革，未宜興役。"
乃止。其後汴渠東浸，日月彌廣，兖、豫百姓怨嘆。會有
薦樂浪王景能治水者，帝問水形便，景陳利害，應對敏
捷，帝甚善之。乃賜山海、渠書、禹貢圖及以錢帛，發卒
數十萬，詔景與將作謁者王吳治渠防。築堤脩埽，起自滎
陽，東至千乘海口，千有餘里。景乃商度地勢，鑿山開
澗，陽過衡要，疏決壅積，十里一水門，令更相廻注，無
復潰漏之患。明年渠成，帝親（隨）〔自〕巡行，詔濱河

---

❶ 與《資治通鑑》卷十七作"典"，存疑。

郡國置河堤員吏，如西京舊制。〔景〕❶ 由是顯名，王吳及諸從事者皆增秩一等。

順帝陽嘉中，石門又自汴河口以東緣河積石為堰通淮，（口）〔曰〕金隄。靈帝建寧中，又增脩石門以遏渠口，水盛則通注，津耗則輟流。濟水東經滎瀆，注瀆水受河水❷，有石門，謂之為滎口石門。門南則際河有故碑云：

惟陽嘉三年二月丁丑，使河隄謁者王誨疏達河川，（述）〔通〕荒庶土，云大河衝塞❸，侵齧金隄，以竹籠石葺葦土而為（遏）〔堨〕❹。壞隤無已，功消億萬，請以濱河郡徒疏山采石，壘為障。功業既就，徭役用息。詔書許誨立功府（鄉）〔卿〕，規基經始，詔策加命，遷在（沂）〔沇〕州。乃簡朱軒，授使司馬登，令續茂前緒，稱逐休功。登以伊、洛，合注大河，南則緣山，東過大伾，回流北岸，其勢巋嶐濤怒，湍急激疾，一有決溢，彌原漫野，蟻孔之變，害起不測，蓋自姬氏之所常戚。音崇鯀所不能治，我二宗之所劬勞。於是，乃跋涉躬親，經之營之，比率百姓，共之于山❺，伐石三谷，水匠致治，立激岸側，以扞鴻波。〔隨時〕慶賜，說以勸之，川無滯越，水上通演。役未踰年，工程有（異）〔畢〕。斯乃元勳之嘉課，上

---

❶　原文爲"隨"，爲"自"之誤。"由是"前脱"景"字，據《後漢書》卷七六改。

❷　《水經注》云："濟水又東，合滎瀆，瀆首受河水。"此處非原文引用，故不改，保持舊文。

❸　原文"述荒庶土，云大河衝塞"，王先謙《合校水經注》作"通荒庶土，往大河衝塞"。存此備考。

❹　"遏"爲"堨"之誤，堨：攔水的堰。此碑文錯誤較多，改動均據王先謙《合校水經注》，不重復出注。

❺　共之于山　《水經注》作"議之于臣"。

德之弘表也。昔禹脩九道，書録其功，后稷躬稼，詩列于雅。夫不憚勞謙之勤，夙興厥職，充國惠民，亦得湮没而不章焉。故遂刊石記功，垂示于後。”

唐玄宗開元十六年，以宇文融充九河使。融請用《禹貢》九河故道，開稻田，并回易陸運錢，官收其利。興役不息，事多不就。

後唐天成四年十二月庚申，脩治河北岸宣差左衛上將軍李承約祭之。張敬詢為滑州節度使。長興初，敬詢以河水連年溢，乃自酸棗縣界至濮州，廣隄防一丈五尺，東西二百里。

晉天福七年三月己未，梁州節度使安彥威奏到滑州脩河堤。時以瓠子河漲溢，詔彥威督諸道（運）〔軍〕民❶，自豕韋之北築堰數十里，給私財以犒民，民無散者，竟止其害，鄆、（漕）〔曹〕❷、濮賴之。以功加邠國公，詔：於河決之地建碑立廟。

漢乾祐二年，有補闕盧振上言：“臣伏見汴河（堤）❸兩岸，堤堰不牢，每年潰決，正當農時，勞民功役。以臣愚管，讼汴水有故河道、陂澤處，置立斗門，水漲溢時以分其勢，即潦歲無漂没之患，旱年獲澆溉之饒，庶幾編甿差免勞役。”

周顯德元年，周遣使分塞決河。二年，周疏汴水。汴水自唐末潰決，自通橋東南悉為汙澤。世宗謀擊唐，先命

---

❶ 原文爲“運”誤。應作“軍”，據文意及《册府元龜》改。

❷ 原文爲“漕”爲“曹”之誤。“曹”即“曹縣”，在山東西南部。《册府元龜》亦作“曹”。

❸ 原文作“汴河堤兩岸”。“堤”爲衍文，《册府元龜》卷四九七亦無此字。應删。

發民夫，因故堤疏導之，東至泗上。議者皆以為難成，世宗曰："數年之後，必獲其利。"三年二月，周主行視水寨，至汜橋，自取一石，馬上持之，至寨，以供礮。從官過橋者，人取一石。四年，周疏汴水，入五丈河。自是齊魯舟楫皆達於大梁。五年，周汴渠成，浚汴口，導河流達於淮，於是江淮舟楫始通。

卷 之 四

議河治河考（二）

宋太祖乾德二年遣使案行，將治古隄。議者以舊河不可卒復，力役且大，遂止。但詔民治遙堤，以御衝注之患。其後赤河決東平之竹村，七州之地復罹水災。三年秋，大雨霖，開封府河決陽武，又孟州水漲，壞中潭橋梁，澶、鄆亦言河決，詔發州兵治之。四年八月，滑州河決，壞靈河縣大堤，詔殿前都指揮使韓重贇、馬步軍都軍頭王廷義等督士卒丁夫數萬人治之，被泛者蠲其秋租。乾德五年正月，帝以河堤屢決，分遣使行視，發畿甸丁夫繕治。自是歲以為常，皆以正月首事，季春而畢。開寶五年正月，詔曰：“應緣黃、汴、清、御等河州縣，除準舊制種藝桑棗外，委長吏課民別樹榆柳及土地所宜之木。仍案戶籍高下，定為五等，第一等歲樹五十本，第二等以下遞減十本。民欲廣樹藝者聽，其孤、寡、惸、獨者免。”是月澶州脩河卒賜以錢、鞵，役夫給以茶。五月，河大決濮陽，又決陽武。詔發諸州兵及丁夫凡五萬人，遣穎州團練使曹翰護其役。翰辭，太祖謂曰：“霖雨不止，又聞河決。朕信宿以來，焚香上禱于天，若天災流行，願在朕躬，勿延于民也。”翰頓首對曰：“昔宋景公諸侯耳，一發善言，災星退舍。今陛下憂及兆庶，懇禱如是，固當上感天心，必不為災。”

六月下詔曰：“近者澶、濮等數州霖雨荐降，洪河為患。朕以屢經決溢，重困黎元，每閱前書，詳究經濬。至若夏后所載，但言導河至海，随山濬川，未聞力制湍流，廣營高岸。自戰國專利，湮塞故道，小以妨大，私而害公，九河之制遂隳，歷代之患弗弭。凡縉紳多士、草澤之倫，有素習河渠之書，深知疏導之策，若有經久，可免重勞，並許詣闕上書，附驛條奏。朕當親覽，用其所長，勉副詢求，當示甄獎。"時東魯逸人田（吉）〔告〕著纂《禹元經》十二篇，帝閱之，詔至闕下，詢以治水之道，善其言，將授以官，以親老固辭歸養，從之。翰至河上，親督工徒，未幾，決河皆塞。

太宗太平興國二年秋七月，河決孟州之溫縣、鄭州之榮澤、澶州之頓丘，皆發緣河諸州丁夫塞之。視堤岸之缺，亟繕治之，民被水災者悉蠲其租。八年五月，河大決。詔發丁夫塞之。堤久不成，乃命使者按視遙隄舊址。使者條奏，以為"治遙隄不如分水勢。自孟抵鄆，雖有隄防，唯滑與澶最為隘狭。于此二州之地，可立分水之制，宜于南北岸各開其一，北入王莽河以通于海，南入靈河以通于淮，節減暴流，一如汴口之法。其分水河，量其遠近作為斗門，啓閉隨時，務乎均濟。通舟運，溉農田，此富庶之資也。"不報。九年春，滑州復言房村河決。帝曰："近以河決韓村，發民治堤不成，安可重困吾民？當以諸軍作之。"乃發卒五萬，以侍衛步軍都指揮使田重進領其役。

淳化四年十月，河決澶州。是歲巡河供奉官梁睿上言："滑州土脉疏，岸善潰，每歲河決南岸，害民田。請于迎陽鑿渠引水，凡四十里至黎陽，合大河，以防暴漲。"帝許之。五年正月，滑州言新渠成，帝又案圖，命昭宣使羅州刺史杜彥鈞率兵夫，計功十七萬，鑿河開渠，自韓村至州西鐵狗廟，九十五餘里，復合于河，以分水勢。

真宗咸平三年五月。始，赤河決，擁濟、泗，鄆州城中常苦水患。至是霖雨彌月，積潦益甚，乃遣工部郎中陳若拙經度徙城，若拙請徙于東南十五里陽卿之高原，詔可。大中祥符三年，著作佐郎李垂上《導河形勝書》三篇并圖❶其略曰：

"臣請自汲郡東推禹故道，挾御河，較其水勢，出大伾、上陽、太行三山之間，復西河故瀆，北注大名西、舘陶東南，北合赤河而至于海。因于魏縣北析一渠，正北稍西迆衡瀆直北，下出邢、洺，如夏書過洚水，稍東注易水，合百濟、會朝河而至于海。大伾而下，黃、御混流，薄山障隉，勢不能遠。如是則載之高地而北行，百姓獲利，而契丹不能南侵。《禹貢》所謂"夾右碣石入于河"，孔安國曰："河逆上北州界。"其始作自大伾西八十里，曹公所開運渠東五里，引河水正北稍東十里，破伯禹古隉，迆牧馬陂，從禹故道，又東三十里轉大伾西、通利軍北，挾白溝，復回大河，北迆清豐、大名西，歷洹水、魏縣東，暨舘陶南，入屯氏故瀆，合赤河而北至于海。既而自大伾西新發故瀆西岸析一渠，正北稍西五里，廣深與汴等，合御河道，逼大伾北，即堅壤析一渠，東西二十里，廣深與汴河等，復東大河。兩渠分流，則三四分水，猶得注澶淵舊渠矣。大都河水從西大河故瀆東北，合赤河而達于海，然後于魏縣北發御河西岸折一渠，正北稍西六十里，廣深與御河等，合衡潭水；又冀州北界、深州西南三

---

❶ 據《宋史·河渠一》李垂上《導河形勝書》的時間爲大中祥符八年。存此備考。

十里決衝漳西岸，限水為門，西北注溥沱，潦則塞之使東漸勃海，旱則決之，使西灌屯田，此中國禦邊之利也。兩漢而下，言水利者屢欲求九河故道而疏之。今考圖志，九河並在平原而北，且河壞澶、滑，未至平原而上已決矣，則九河奚利哉。漢武捨大伾之故道，發頓丘之暴衝，則濫兗泛齊，流患中土，使河朔平田，膏腴千里，縱容邊寇劫掠其間。今大河盡東，全燕陷北，而禦邊之計莫大于河。不然則趙、魏百城，富庶萬億，所謂誨盜而招寇矣。一旦伺我饑饉，乘虛入寇，臨時用計者實難，不如因人足財豐之時，成之為易。”

詔樞密直學士任中正、龍圖閣直學士陳彭年，知制誥王曾詳定。中正等上言：“詳垂所述，頗為周悉。所言起滑臺而下，派之為六，則緣流就下，湍急難制，恐水勢聚而為一，不能各依所導。設或必成六派，則是更增六處為口，悠久難于堤防，亦慮入溥沱、漳河，漸至二水淤塞，益為民患。又築堤七百里，役夫二十一萬七千，工至四十日，侵占民田，頗為煩費。”其議遂寢。

七年，詔罷葺遥堤，以養民力。八月河決澶州大吳埽，役徒數千，築新堤，亘二百四十步，水乃順道。八年，京西轉運使陳堯佐議開滑州小河，分水勢，遣使視利害以聞。及還，請規度自三迎楊村北治之復開汊河于上游，以泄其壅溢。詔可。

天禧三年六月乙未夜，滑州河溢，歷澶、濮、曹、鄆，東入于淮，即遣使賦諸州新石、樁橛、芟竹之數千六百萬，發兵夫九萬人治之。四年二月河塞，群臣入賀。上親為文，刻石紀功。是年，祠部員外郎李垂又言疏河利害，命垂至大名府、滑、衛、德、（具）〔貝〕州、通利軍

與長吏計度❶。垂上言："臣所至，並稱黃河水入王莽沙
（黃）〔河〕❷與西河故瀆，注金赤河，必慮水勢浩大，蕩
盡民田，難于隄備。臣亦以為河水所經，不為無害。今者
決河而南，為害既多，而又陽武埽東、石堰埽西，地形汙
下，東河泄水又艱。"或者云："今決處槽底坑深，舊渠逆
上，若塞之，旁必復壞。"如是，則議塞河者誠以為難。
若決河而北，為害雖少，一旦河水注御河，蕩易水，逕乾
寧軍入獨流口，遂及契丹之境。或者云："因此搖動邊
鄙。"如是，則議疏河者又益為難。臣于兩難之間輒畫一
計：請自上流引北載之高地，東至大伾，瀉復于澶淵舊
道，使南不至滑州，北不出通利軍界。何以計之？臣請自
衛州東界曹公所開運渠東五里，河北岸凸處，就岸實土，
堅引之，正北稍東十三里，破伯禹古隄，注裴家潭，逕牧
馬陂，又正東稍北四十里，鑿大伾西山，釃為二渠：一逼
大伾南足，決古隄正東八里，復澶淵舊道；一逼通利軍城
北曲河口，至大禹所導西河故瀆，正北稍東五里，開南北
大堤，又東七里入澶淵舊道，與南渠合。夫如是，則北載
之高地，大伾二山雁股之間分酌其勢，浚瀉兩渠，匯注東
北，不遠三十里，復合於澶淵舊道，而滑州不治自涸矣。臣
請以兵夫二萬，自來歲二月興作，除三伏半功外，至十月而
成。其均厚埤薄，俟次年可也。"疏奏，朝議慮其煩擾罷之。

　　初滑州以天臺決口去水稍遠，聊興葺之，及西南隄成，

---

❶　《宋史》標點本作"命垂至大名府、滑衛德貝州、通利軍與長吏計
度"。誤。滑、衛等州與大名府並列，宜用"、"點開。另，"具州"爲"貝州"
之誤。貝州，今邢台清河。

❷　原文爲"黃"，誤。應爲"河"。據《宋史·河渠》改。

乃於天臺口旁築月堤。六月望河復決天臺下，走衞南，浮徐、濟，害如三年而益甚。帝以新經賦率，慮殫困民力，即詔京東西、河北路經水災州軍，勿復科調丁夫，其守扞隄防役兵，仍令長吏存恤而番休之。五年正月，知滑州陳堯佐以西北水壞，城無外禦，築大堤，又疊埽于城北，護州中居民。復就鑿橫木，下垂木數條，置水旁以護岸，謂之"木龍"，當時賴焉。復並舊河開枝流，以分導水勢，有詔嘉獎。

說者以黄河随時漲落，故舉物候，為水勢之名：自立春之後，東風解凍，河邊人候水初至，凡一寸，則夏秋當至一尺，頗為信驗，故謂之"信水"。二月、三月桃花始開，冰泮兩積，川流猥集，波瀾盛長，謂之"桃花水"。春末蕪菁華開，謂之"菜華水"。四月末壟麥結秀，擢芒變色，謂之"麥黄水"。五月瓜實延蔓，謂之"苽蔓水"。朔野之地，深山窮谷，固陰冱寒，冰堅晚泮，逮乎盛夏，消釋方盡，而沃蕩山石，水帶礬腥，併流于河，故六月中旬後謂之"礬山水"。七月菽豆方秀，謂之"豆華水"。八月荻亂華，謂之"荻苗水"。九月以重陽紀節，謂之"登高水"。十月水落安流，復其故道，謂之"復槽水"。十一月、十二月斷冰雜流，乘寒復結，謂之"蹙凌水"。水信有常，率以為準，非時暴漲謂之"客水"。

其水勢：凡移栿橫注，岸如刺毀，謂之"剗岸"。漲溢踰防，謂之"抹岸"。埽岸故杇，潛流漱其下，謂之"塌岸"。浪勢旋激，岸土上隤，謂之"淪捲"。水侵岸逆漲，謂之"上展"。順漲謂之"下展"。或水乍落直流之中，忽屈曲橫射，謂之"經窗"。水猛驟移，其將澄處望之明白，謂之"拽白"，亦謂之"明灘"。湍怒略渟，勢稍汩起，行舟值之多溺，謂之"薦浪水"。水退淤澱，夏則膠土肥腴，初秋則黃滅土，頗為疏壤，深秋則白滅土，霜降後皆沙也。舊制咸虞河決，有司常以孟秋預調塞〔治〕之物。稍芟、薪柴、楗橛、竹石、茭索、竹索，凡千餘萬，謂之"春料"。詔下瀕河諸州所產之地，仍遣使會河渠官吏，乘農隙率丁夫水工，收采備用。凡伐蘆荻謂之"芟"，伐山木榆柳枝葉謂之"稍"。瓣竹、糾芟為索，以竹為巨索，長十尺至百尺，有數等。先擇寬平之所為埽場。埽之制，密布芟索、鋪稍，稍芟相重，壓之以土，雜以碎石，以巨竹索橫貫其中，謂之"心索"。卷而束之，復以大芟索繫其兩端，別以竹索自內旁出，其高至數丈，其長倍之。凡用丁夫數百，或千人，雜唱齊挽，積置于卑薄之處，謂之"埽岸"。既下，以橛梟閡之，復以長木貫之，其竹索皆埋巨木于岸以維之。遇河之橫決則復增之，以補其缺。凡埽下非積數疊亦不能遏其迅湍，又有馬頭、鋸牙、木岸者，以蹙水勢，護堤焉。

凡緣河諸州，孟州有河南北凡二埽，開封府有陽武埽，滑州有韓房二村、憑管、石堰、州西、魚池、迎陽凡七埽，舊制七里曲埽，後廢。通利軍有齊賈、蘇村凡二埽，澶州有濮陽、大韓、大吳、商胡、王楚、橫隴、曹村、依仁、大北、岡孫、陳固、明公、王八凡十三埽。大名府有孫杜、侯村二埽，濮州有任村、東❶、西、北凡四埽，鄆州有博陵、張秋、關山、子路、王陵、竹口凡六埽，齊州有采金山、史家渦二埽，濱州有平河、安定二埽，棣州有聶家、梭堤、鋸牙、陽城四埽，所費皆有司歲計而無闕焉。

仁宗天聖元年，以滑州決河未塞，詔募京東、北河、

---

❶ 此處原文多"東"字。據《宋史·河渠一》刪。

陝西、淮南民輸薪芻，調兵伐瀕河榆柳，賙溺死之家。二年，遣使詣滑、衞行視河勢。五年發丁夫三萬八千，卒二萬一千，緡錢五十萬，塞決河。十二月，濬魚池歸減水河。八年，始詔河北轉運司計塞河之備。良山令陳曜請疏鄆、滑界廉丘河以分水勢，遂遣使行視遙堤。

慶曆元年，詔權停脩決河，自此久不復塞，而議開分水河以殺其暴。未興工而河流自分，有司以聞，遣使特祠之。三月命築堤于澶以扞城。

至和元年，遣使行度故道，且詣銅城鎮海口，約古道高下之勢。二年，翰林學士歐陽脩奏疏曰："朝廷欲俟秋興大役，塞商胡，開橫隴，回大河於古道。夫動大衆必順天時、量人力，謀於其始而審於其終，然後必行，計其所利者多，乃可無悔。比年以來，興役動衆，勞民費財，不精謀慮于厥初，輕信利害之偏說，舉事之始，既已蒼皇，群議一搖，尋復悔罷。不敢遠引他事，且如決河商胡，是時執政之臣不慎計利，遽謀脩塞。凡科配稍芨一千八百萬，騷動六路一百餘軍州，官吏催驅，急若星火，民庶愁苦，盈於道塗。或物已輸官，或人方在路，未及興役，尋以罷脩，虛費民財，為國歛怨，舉事輕銳，為害若斯。今又聞復有脩河之役，三十萬人之衆，開一千餘里之長河，計其所用物力數倍往年。當此天災歲旱、民困國貧之際，不量人力，不順天時，知其有大不可者五：蓋自去秋至春半，天下苦旱，京東尤甚，河北次之。國家常務安靜，振恤之猶恐民起為盜，況於兩路聚大衆、興大役乎？此其必不可者一也。河北自恩州用兵之後，繼以凶年，人户流亡，十失八九。數年以來，人稍歸服，然死亡之餘，所存者幾？瘡痍未歛，物力未完。又京東自去冬無雨雪，麥不生苗，將踰暮春，粟未布種，農心焦勞，所向無望。若別路差夫，又遠者難為赴役，一出諸路，則兩路力所不任。此其必不可者二也。往年議塞滑州決河，時公私之力未若今日之貧虛，然猶除積物料，誘率民財，數年之間，始能興役。今國用方乏，民力方疲，且合商胡，塞大決之洪流，此一大役也。鑿橫隴，開久廢之故道，又一大役也。自橫隴至海千餘里，埽岸久已廢，頓須興緝，又一大役也。往年公私有力之時，興一大役尚須數年，今猝興三大役於旱災貧虛之際。此其必不可者三也。就令商胡可塞，故道未必可開。鯀障洪水，九年無功。禹得《洪範》五行之書，知水潤下之性，乃因水之流疏而就下，水患乃息。然則以大禹之功不能障塞，但能因勢而疏決爾。今欲逆水之性，障而塞之，奪洪河之正流，使人力（幹）〔榦〕❶ 而回注，此大禹之所不能。此其必不可者四也。橫隴湮塞已二十年，商胡決又數歲，故道已平而難鑿，安流已久而難回。此其必不可者五也。臣伏思國家累歲災譴甚多，其於京東，變異尤大，地貴安靜而有聲，巨嵎山摧、海水搖蕩，如此不止者僅十年，天地警戒，宜不虛發。臣謂變異所起之方，尤當過慮防懼，今乃欲於凶艱之年，聚三十萬之大眾於變異最大之方，臣恐災禍自茲而發也。況京東赤地千里，饑饉之民正苦天災，又聞河役將動，往往伐桑毀屋，無復生計。流亡盜賊之患，不可不虞。宜速止罷，用安人心。"

九月，詔："自商胡之決，大河注（食）〔金〕堤，（埽）〔寖〕為河北患。其故道又以河北、京東饑故，未興

---

❶ 原文為"幹"，應為"榦"之誤。據《宋史·河渠一》改。

役。今河渠司李仲昌議欲納水入六塔河，使歸橫隴舊河，舒一時之急。其令兩制至侍制以上臺諫官與河渠司同詳定。"

脩又上疏曰："伏見學士院集議脩河，未有定論。豈由賈昌朝欲復故道、李仲昌請開六塔，互執一説，莫知孰是。臣愚皆謂不然。言故道者未詳利害之原，述六塔者近乎欺罔之謬。今謂故道可復者，但見河北水患，而欲還之京東，然不思天禧以來河水屢決之因，所以未知故道有不可復之勢，臣故謂未詳利害之原也。若言六塔之利者，則不待攻而自破矣。今六塔既已開，而恩、冀之患何為尚告奔騰之急？此則減水未見其利也。又開六塔者云，可以全回大河，使復橫隴故道。今六塔止是別河下流，已為濱、棣、德、博之患，若全回大河，顧其害如何？此臣故謂近乎欺罔之謬也。且河本泥沙，無不淤之理。淤常先下流，下流淤高，水行漸壅，乃決上流之低處，此勢之常也。然避高就下，水之本性，故河流已棄之道，自古難復。臣不敢廣述河源，且以今所欲復之故道，言天禧以來屢決之因。初，天禧中河出京東，水行於今所謂故道者。水既淤澀，乃決天臺埽，尋塞而復故道，未幾又決于滑州南鐵狗廟，今所謂龍門埽者，其後數年，又塞而復故道，已而又決王楚埽，所決差小，與故道分流，然而故道之水終以壅淤，故又于橫隴大決。是則決河非不能力塞，故道非不能力復，所復不久終必決於上流者，由故道淤而水不能行故也。及橫隴既決，水流就下，所以十餘年間河未為患。至慶曆三、四年，橫隴之水又自海口先淤，凡一百四十餘里，其後，游、金、赤三河相次又淤，下流既梗，乃決於上流之商胡口。然則京東、橫隴兩河故道，皆下流淤塞，河水已棄之高地。京東故道屢復屢決，理不可復，不待言而易知也。昨議者度京東故道功料，但云銅城已上乃特高爾，其東北銅城以上則稍低，比商胡以上則實高也。若云銅城以東地勢斗下，則當日水流宜決銅城已上，何緣而頓淤橫隴之口？亦何緣而大決也？然兩河故道既皆不可為，則河北水患何為而可去？臣聞智者之於事，有所不能必，則較其利害之輕重，擇其害少者而為之，猶愈害多而利少，何況有害而無利，此三者可較而擇也。又商胡初決之時，欲議脩塞，計用稍芟一千八百萬，科配六路一百餘州軍。今欲塞者，乃往年之商胡，則必用往年之物數。至于開鑿故道，張奎所計工費甚大，其後李參減損，猶用三十萬人。然欲以五十步之狹，容大河之水，此可笑者。又欲增一夫所開三尺之方，倍為六尺，且闊厚三尺，而長六尺，自一倍之功，在于人力，已為勞苦。云六尺之方，以開方法筭之，乃八倍之功，此豈人力之所勝？是則前功既大而難興，後功雖小而不實。大抵塞商胡、開故道，凡二夫役皆困國勞人。所舉如此，而欲開難復屢決已驗之故道，使其虛費，而商胡不可塞，故道不可復，此所謂有害而無利者也。就使幸而暫塞，以舒目前之患，而終于上流必決，如龍門、橫隴之比，此所謂利少而害多也。若六塔者，於大河有減水之名，而無減患之實。今下流所散為患已多，若全回大河以注之，則濱、棣、德、博河北所仰之州不勝其患，而又故道淤澀，上流必有他決之虞，此直有害而無利耳，是皆智者之不為也。今若因水所在，增治隄防，疏其下流，浚以入海，則可無決溢散漫之虞。今河所歷數州之地，誠為患矣。堤防歲用之夫，誠為勞矣。與其虛費天下之財，虛舉大眾之役，而不能成功，終不免為數州之患，勞歲用之夫，則此所謂害少者，乃智者之所宜擇也。大約今河之勢，負三決之虞：復故道，上流必決；開六塔，上流亦決；河之下流若不浚使入海，則上流亦決。臣請選知水利之臣，就其下流求入海路而浚之。不然，下流便澀，則終虞上決，為患無涯。臣非知水者，但以今事可驗者較之耳。願下臣議，裁取其當焉。"

預議官翰林學士承旨孫抃等言："開故道誠久利，然功大難成。六塔下流，可導而東去，以紓恩、冀金堤之患。"十二月中書上奏曰："自商胡決，為大名、恩、冀患，先議開銅城道，塞商胡，以功大難卒就，緩之，而憂金堤汎溢不能捍也。願備工費，因六塔水勢入橫隴，宜令河北、京東預究堤埽，上河水所居民田數。"詔下中書奏。抃又奏請罷六塔之役，時宰相富弼尤主仲昌議，疏奏亦不省。

嘉祐五年，都轉運使韓贄言："四界首古大河所經，即《溝洫志》所謂'平原、金堤，開通大河，入篤馬河，至海五百餘里'者也。自春以丁壯三千浚之，可一月而畢。支分河流入金、赤河，使其深六尺，為利可必。商胡決河自魏至于恩、冀、乾寧入于海，今二股河自魏、恩東至于德、滄入于海，分為二，則上流不壅可以無決溢之患。"乃上四界首二股河圖。劉敞上疏曰："臣聞天有時，地有勢，民有力。乃者霖雨滔溢，山谷發泄，經川橫潰，或衝冒城郭，此天時也。澶、魏之埽，如商胡者多矣，莫決而商胡獨敗，此地勢也。淮、汝以西，關、陝以東，數千里之間，罹於水憂者，甚則溺死，不甚則流亡，夫婦愁痛，無所控告，略計百萬人，未聞朝廷有以振業之也。而議空河，強疲病之餘以極其力，乘殘耗之後以略其財，重為事而罰所不勝，急為期而誅所不至，上則與天爭時，下則與地爭勢，此臣所謂過也。臣聞河之為患，於中國久矣。其在前代或塞或不塞，塞之為仁，不塞不為不仁，此有時而否者也。以堯為君，以舜為臣，以禹為司空，十有三年，而有僅能勝水患耳。今朝廷之無禹明矣，欲以數月之間塞決河，不權於時，不察於民，不亦甚乎？議者以為不塞河則冀州之水可哀，甚不然。夫河未決之時，能使水病冀州則已矣，既決之後，縣邑則已役矣，人民則已亡矣，府庫則已喪矣，雖塞河不能有救也。今且縱水之所欲徃而利導之，其不能救與彼同，而可以息民，何嫌而不為。

英宗治平元年，始命都水監浚二股、五股河，以紓恩、冀之患。初，都水監言：「商胡堙塞，冀州界河淺，房家、武邑二埽由此潰，慮一旦大決，則甚於商胡之患。」乃遣判都水監張鞏、戶部副使張燾等行視，遂興工役，卒塞之。

卷 之 五

議河治河考（三）

神宗熙寧元年六月，河溢恩、冀、瀛等處。帝憂之，顧問近臣司馬光等。都水監丞李立之請於恩、冀、深、瀛等州創生堤三百六十七里以禦河，而河北都轉運司言："當用夫八萬三千餘人，役一月成。今方災傷，願除之。"都水監丞宋昌言："謂今二股河門變移，請迎河港進約，簽入河身，以紓四州水患。"遂與屯田都監內侍程昉献議開二股以導東流。於是都水監奏："慶曆八年，商胡北流，于今二十餘年，自澶州下至乾寧軍創堤千有餘里，公私勞擾。近歲冀州而下河道梗澀，致上下埽岸屢危。今棄強抹岸，衝奪故道，雖創新堤，終非久計。願相六塔舊口，并二股河道使東流，徐塞北流。"而提舉河渠王亞等謂："黃、御河帶北行入獨流東砦，經乾寧軍、滄州等八砦邊界，直入大海。其近大海口闊六七百步，深八九丈，三女砦以西闊三四百步，深五六丈。其勢愈深，其流愈猛，天所以限契丹。議者欲再開二股，漸閉北流，此乃未嘗覩黃河在界河內東流之利也。"

十一月，詔翰林學士司馬光、入內內侍省副都知張茂則乘傳相度四州生堤，回日兼視六塔、二股利害。二年正月，光入對："請如宋昌言策，於二股之西置上約，擗水令東，俟東流漸深，北流淤淺，即塞北流，放出御河、胡盧河，下紓恩、冀、深、瀛以西之患。"初，商胡決河自

48

魏之北至恩、冀、乾寧，入於海，是謂北流。嘉祐（八）
〔五〕年❶，河流派于渭之第六埽，遂為二股，自（渭）
〔魏〕、恩東至德、滄，入于海，是謂東流。”時議者多不
同，李立之力主生堤，帝不聽，卒用昌言說，置上約。

三月，光奏：“治河當因地勢水形，若彊用人力，引
使就高，橫立隄防，則逆激旁潰，不惟無成，仍敗舊績。
臣慮官吏見東流已及四分，急於見功，遽塞北流。而不知
二股分流，十里之內相去尚近，地勢復東高西下。若河流
併東，一遇盛漲，水勢西（河）〔合〕入北流，則東流遂
絕，或入滄、德，堤埽未成之處，（失）〔決〕❷溢橫流雖
除西路之患，而害及東路，非策也。宜專護上約及二股堤
岸。若今歲東流止添二分，則北去河勢自東，近者二三
年，遠者四五年，候及八分以上，河流衝刷已闊，滄、德
堤埽已固，自然北流日減，可以閉塞，兩路俱無害矣。”

會北京留守韓琦言：“今歲兵夫數少，而金堤兩埽脩
上、下約甚急，深進馬頭，欲奪大河，緣二股及嫩灘舊闊
千一百步，是可以容漲水。今截去八百步有餘，則將束大
河於二百餘步之間，下流既壅，上流蹙遏湍怒，又無兵夫
脩護堤岸，其衝決必矣。況自德至滄，皆二股下流，既無
隄防，必侵民田。設若河門束狹，不能容納漲水，上、下
約隨流而脫，則二股與北流為一，其患愈大。又恩、深州
所創生堤，其東則大河西來，其西則西山諸水東注，腹背
受水，兩難扞禦。望選近臣速至河所，與在外官合議。”

---

❶ 原文爲“嘉祐八年”。《宋史》作“嘉祐五年”。據《宋史》及上下文改。

❷ 原文爲“河”，爲“合”之誤。“失”爲“決”之誤。據《宋史·河
渠一》改。

帝在經筵，以琦奏諭光，命同茂則再往。

四月，光與張鞏、李立之、宋昌言、張問、呂大防、程昉行視上約、及方鋸牙，濟河，集議於下約。光等奏：“二股河上約並在灘上，不礙河行。但所進方鋸牙已深，致北流河門稍狹，乞減折二十步，令進後，仍作蛾眉埽裹護其滄、德界有古遙堤，當加葺治。所脩二股，本欲疏導河水東去，生堤本欲扞禦河水西來，相為表裏，未可偏廢。”帝因謂二府曰：“韓琦頗疑脩二股。”趙抃曰：“人多以六塔為戒。”王安石曰：“異議者皆不考事實故也。”帝又謂：“程昉、宋昌言同脩二股如何？”安石以為可治。帝曰：“欲作簽河，其善。”安石曰：“誠然，若及時作之，（往往）〔使決〕河可東，北流可閉。”因言：“李立之所築生堤，去河遠者至八九十里，本欲以禦漫水，而不可禦河南之向著，臣恐漫水亦不可禦也。”帝以為然。五月丙寅，乃詔立之乘驛赴闕議之。

六月戊申，命司馬光都大提舉脩二股工役。呂公著言：“朝廷遣光相視董役，非所以褒崇近職、待遇儒臣也。”乃罷光行。

七月，二股河通快，北流稍自閉。戊子，張鞏奏：“上約累經泛漲，并下約各已無虞，東流勢漸順快，宜塞北流，除恩、冀、深、瀛、永静、乾寧等州軍水患。又使御河、胡盧河下流各還故道，則漕運無遏壅，動傳無滯流，塘泊無淤淺。復於邊防大計不失南北之限。崴減費不可勝數，亦使流移歸復，實無窮之利。且黃河所至，古今未嘗無患，較利害輕重而取捨之可也。惟是東流南北隄防未立，閉口脩堤，工費甚夥，所當預備。望選習知河事者，與臣等講求，（其）〔具〕圖以聞。"❶ 乃復詔光、茂則及都水監官、河北轉運使司相度閉塞，北流利害，有所不同，各以議上。

八月己亥，光入辭，言："鞏等欲塞二股河北〔流〕❷，臣恐勞費未易勝。幸而可塞，則東流淺狹，隄防未全，必致決溢，是移恩、冀、深、瀛之患於滄、德等州也。不若俟三二年東流益深闊，堤防稍固，北流漸淺，薪芻有備，塞之便。"帝曰："東流、北流之患孰輕重?"光曰："兩地皆王民，無輕重。然北流已殘破，東流尚全。"帝曰："今不俟東流順快而塞北流，他日河勢改移，奈何?"光曰："上約固則東流日增，北流日減，何憂改移。若上約流失，其事不可知，惟當併力護上約耳。"帝曰："上約安可保?"光曰："今歲創脩，誠為難保，然昨經大水而無虞，來歲地腳已牢，復何慮? 且上約居河之側，聽河北流，猶懼不保，今欲橫截使不行，庸可保乎?"帝曰："若河水常分二流，何時當有成功?"光曰："上約苟存，東流必增，北流必減，借使分為二流，於張鞏等不見成功，於國家亦無所害。何則? 西北之水併於山東，故為害大，分則害小矣。鞏等亟於塞北流，皆為身謀，不顧國力與民患也。"帝曰："防扞兩河，何以供億?"光曰："併為一則，勞費自倍，分二流則勞費減半。今減北流財力之半以備東流，不亦可乎?"帝曰："卿等至彼視之。"

時二股河東流及六分，鞏等因欲閉斷北流。帝意嚮

---

❶ 原文爲 "其"，爲 "具" 之誤。據《宋史》改。

❷ 此處 "流" 字文理不通。據《宋史》卷九十一補。

之。光（爲以）〔以爲〕❶須及八分乃可，仍待其自然不可施功。王安石曰："光議事屢不合，今令視河，後必不從其議。是重使不安職也。"庚子，乃獨遣茂則，奏："二股河東傾已及八分，北流止二分。"張鞏等亦奏："丙午，大河東徙，北流淺小。戊申，北流閉。"詔獎諭司馬光等，仍賜衣、帶、馬。時北流既塞，而河自其南四十里許家港東決，泛濫大名、恩、德、滄、永靜五州軍境。三年二月，命茂則、鞏相度澶、滑州以下至東流河勢、堤防利害。時方濬御河，韓琦言："事有緩急，工有後先，今御河漕運通駛，至未有害，不宜減大河之役。"乃詔輟河夫卒三萬三千專治東流。

是時人爭言導河之利。茂則等謂："二股河北最下❷，而舊防可因，今埋塞者纔三十餘里，若度河之湍，浚而逆之，又存清水鎮河以析其勢，則悍者可回，決者可塞。"帝然之。十二月，令河北轉運司開脩二股河上流，併脩塞第五埽決口。

五年二月甲寅，興役。四月丁卯，二股河成，深十一尺，廣四百尺，方浚河則稍障其決水，至是水入于河，而決口亦塞。六月，河溢北京夏津。閏七月辛卯，帝語執政："聞京東調夫脩河，有壞產者，河北調急夫尤多，若河復決，奈何？且河決不過占一河之地，或西或東，若利害無所校，聽其所趨，如何？"王安石曰："北流不塞，占公私田至多，又水散漫，久復澱塞。昨脩二股，費至少而

---

❶ 原文"光爲以"，誤。據《宋史》改爲"光以爲"。
❷ 原文"二股河北最下"，《宋史·河渠二》作"二股河地最下"。存此備考。

公私田皆出，向之瀉鹵俱為沃壤，庸非利乎？況急夫已減於去歲，若復葺理隄防，則河北歲夫愈減矣。”

六年，選人李公義者，獻鐵龍爪、揚泥車法以濬河。其法：用鐵數斤為爪形，以繩繫舟尾而沉之水，篙工急（擢）〔櫂〕❶，乘流相繼而下，一再過，水已深數尺。宦臣黃懷信以為可用，而患其太輕。王安石請令懷信、公義同議增損。乃別制濬川杷。其法：以巨木長八尺，齒長二尺，列于木下如杷狀，以石壓之，兩傍繫大繩，兩端矴大船，相距八十步，各用滑車絞之，去來撓蕩泥沙，已又移船而濬。或謂水深則杷不能及底，雖數往來無益；水淺則齒碍沙泥，曳之不動，卒乃反齒向上而曳之。人皆知不可用，惟安石善其法，使懷信先試之以濬二股，又謀鑿直河數里以觀其效。且言於帝曰：“開直河則水勢分。其不可開者以近河，每開數尺即見水，不容施功爾。今第見水即以杷濬之，水當隨杷改趨直河，苟置數千杷，則諸河淺澱，皆非所患，歲可省開濬之費幾百千萬。”帝曰：“果爾甚善。聞河北小軍壘當起夫五千，計合境之丁僅及此數。一夫至用錢八緡，故歐陽脩嘗謂開河如放火，不開如失火，與其勞人，不若勿開。”安石曰：“勞人以除害，所謂毒天下之民而從之者。”帝乃許春首興工，而賞懷信以度僧牒十五道，公義與堂除；以杷法下北京，令虞部員外郎、都大提舉大名府界金堤范子淵與通判知縣共試驗之，皆言不可用。會子淵以事至京師，安石問其故，子淵意附會，遽曰：“法誠善，第同官議不合耳。”安石大悅。至是，乃置濬河司，將自衛州濬至海口，差子淵都大提舉，

---

❶ 原文爲“擢”，應爲“櫂”之誤。據文意改。

公議為之屬。許不拘常制，舉使臣等，人船木鐵工匠皆取之諸埽，官吏奉給視都水司監丞司，行移與監司敵體。當是時，北流（聞）〔閉〕❶已數年，水或橫決散漫，常虞遏壅。十月，外監丞王令圖献議，於北京第四、第五埽等處開脩直河，使大河還二股故道，乃命范子淵及朱仲立領其事。開直河，深八尺，又用杷疏濬二股及清水鎮河，凡退背魚肋河則塞之。王安石乃盛言用杷之功，若不輟工，雖二股河上流可使行地中。七年，都水監丞劉璹言："自開直河，閉魚肋，水勢增漲。行流湍急，漸塌河岸，而許家港清水鎮河極淺漫，幾於不流。雖二股深快，而蒲泊已東，下至四界首，退出之田，略無固護，設遇漫水出岸，牽廻河頭，將復成水患。宜候霜降水落，閉清水鎮河築縷河堤一道以遏漲水，使大河復循故道。又退出良田數萬頃，俾民耕種。而博州界堂邑等退背七埽，歲減脩護之費，公私兩濟。"從之。是秋判大名文彥博言："河溢壞民田，多者六十村，戶至萬七千，少者九村，戶至四千六百，願蠲租稅。"從之。又命都水詰官吏不以水災聞者。外都水監丞程昉以憂死。文彥博言："臣正月嘗奏：德州河底淤澱，泄水稽滯，上流必至壅遏。又河勢變移，四散漫流，兩岸俱被水患，若不預為經制，必溢魏、博、恩、澶等州之境。而都水略無施設，止固護東流北岸而已。適累年河流低下，官吏希省費之賞，未嘗增脩堤岸，大名諸埽皆可憂虞。謂如曹村一埽，自熙寧八年至今三年，雖每計春料當培低怯，而有司未嘗如約，其埽兵又皆給他役，實在者十有七八。今者果大決溢，此非天災，實人力不至也。臣前論此，并乞審擇水官。今

---

❶ 原文爲"聞"，應爲"閉"之誤。據《宋史·河渠二》改。

河朔京東州縣人被患者莫知其數，嗷嗷籲天，上軫聖念，而水官不能自訟，猶汲汲希賞。臣前論所陳，出于至誠，本圖補報，非敢激訐也。”

初議塞河也，故道堙而高，水不得下，議者欲自夏津縣東開簞河入董〔固〕❶ 以護舊河，袤七十里九十步；又自張村埽直東築堤，至麗家莊古堤，袤五十里二百步。詔樞密都承旨韓縝相視。縝言：“漲水衝刷新河，已成河道。河勢變移無常，雖開河就堤，及於河身，刱立生堤，枉費功力。惟增脩新河，乃能經久。”詔可。

元豐元年十一月，都水監言：“自曹村決口溢，諸埽無復儲蓄，乞給錢二十萬緡，下諸路，以時市稍草封樁。”詔給十萬緡，非朝旨及埽岸危急，毋得擅用。二年七月戊子，范子淵言：“因護黃河岸畢工，乞中分為兩埽。”詔以廣武上、下埽為名。初，河決澶州也，北外監丞陳祐甫（爲）〔謂〕❷：“商胡決三十餘年，所行河道填淤漸高，隄防歲增，未免泛濫。今當脩者有三：商胡一也，橫隴二也，禹舊迹三也。然商胡、橫隴故道地勢高平，土性疏惡，皆不可復，復亦不能持久。惟禹故瀆尚存，在大伾、太行之間，地卑而勢固，故秘閣校理李垂與今知深州孫民先皆有脩復之議。望詔民先同河北漕臣一員，自衛州王供埽按視，訖于海口。”從之。

四年六月戊午，詔：“東流已填淤，不可復，將來更不脩閉小吳決口，候見大河歸納，應合脩立堤防，令李立之經畫以聞。”帝謂輔臣曰：“河之為患久矣，後世以事治

❶ 此處原缺一“固”字。據《宋史·河渠二》補。
❷ 原文“爲”爲“謂”之誤。據《宋史·河渠二》改。

水，故嘗有碍。夫（之水）〔水之〕趨下，乃其性也，以道治水，則無違其性可也。如能順水所向，遷徙城邑以避之，復有何患？雖神禹復生，不過如此。"輔臣皆曰："誠如聖訓。"河北東路提點刑獄劉定言："王莽河一徑水，自大名界下合大流注冀州，及臨清徐曲御河決口，恩州趙村塌子決口，兩徑水亦注冀州城東。若遂成河道，即大流難以西傾，全與李垂、孫民光所論違背，望早經制。"詔送李立之。八月壬午，立之言："臣自決口相視，河流至乾寧軍分入東西兩塘，次入界河，於劈地口入海，通流無阻，宜脩立東西堤。"詔覆計之。而言者又請："自王供埽上添脩南岸，於小吳口北創脩遙堤，候將來礬山水下，決王供埽，使直河注東北，滄州界或南或北，從故道入海。"不從。九月庚子，立之又言："北京南樂、舘陶、宗城、魏縣淺口、永濟延安鎮、瀛州景城鎮在大河兩堤之間❶，乞相度遷於堤外。"於是用其說，分立東西兩堤五十九埽。定三等向著：河勢正著堤身為第一，河勢順流堤下為第二，河離一里内為第三。退背亦三等：熙去河最遠為第一，次遠者為第二，次近一里以上為第三。立之在熙寧初已主立堤，今竟行其言。

五年正月己丑，詔立之："凡為小吳決口所立隄防，可按視河勢，向背應置埽處，毋虛設巡河官，毋橫費工料。"六月詔曰："原武決口已奪大河四分以上，不大治之

---

❶ 《宋史·河渠二》標點為："南樂、舘陶、宗城、魏縣，淺口、永濟、延安鎮，瀛州景城鎮在大河兩堤之間"，誤。正如景城鎮同瀛州為隸屬關係一樣，淺口、永濟、延安鎮均為魏县下轄鄉村，故應標點為："南樂，舘陶，宗城，魏縣淺口、永濟、延安鎮，瀛州景城鎮，在大河兩堤之間"。

將貽朝廷巨憂。其輟脩汴河堤岸司兵五千，併力築堤脩閉。"都水復言："兩馬頭墊落，水面闊二十五步，天寒，乞候來春施工。"至臘月竟塞。九月，河溢滄州南皮上、下埽，又溢清池埽，又溢永靜軍阜城下埽。十月辛亥，提舉汴河堤岸司言："洛口廣武埽大河水漲，塌岸，壞下鎖斗門，萬一入汴，人力無以支吾。密邇都城，可不深慮？"詔都水監官速往護之。丙辰，廣武上、下埽危急，詔救護，尋獲安定。

七年七月，河溢北京。帥臣王拱辰言："河水暴至，數十萬衆號叫求救，而錢穀禀轉運，常平歸提舉，軍器、工匠隸提刑，埽岸物料、兵卒即屬都水監，逐司在遠，無一得專，倉卒何以濟民？望許不拘常制。"詔事于機速，奏覆牒禀，"所屬不及者，如所請。"戊申，命拯護陽武埽。十月，冀州王令圖奏："大河行流散漫，河内殊無緊流，旋生灘磧。宜令澶州相視水勢，使之復故道。"會明年春，宮車宴駕。大抵熙寧初，專欲導東流，閉北流。元豐以後，因河決而北，議者始欲復禹故迹。神宗愛惜民力，思順水性，而水官難其人。王安石力主程昉、范子淵，故二人尤以河事自任。帝雖籍其才，然每抑之。其後，元祐元年，子淵已改司農少卿，御史呂陶劾其"脩堤開河，糜費巨萬，護堤壓埽之人溺死無數。元豐六年興役，至七年功用不成，乞行廢放"。於是黜知兗州，尋降知峽州。其制略曰："汝以有限之材，興必不可成之役，驅無辜之民，置之必死之地。"中書舍人蘇軾詞也。八年，知澶州王令圖建議濬迎陽埽舊河，又於孫村金堤置約，復故道。本路轉運使范子奇仍請於大吳北岸脩進鋸牙，擗約河勢。於是回河東流之議起。

卷 之 六

議河治河考（四）

哲宗元祐元年二月乙丑，詔："未得雨澤，權罷脩河，放諸路兵夫。"九月丁丑，詔秘書監張問相度河北水事。十月庚寅，又以王令圖領都水，同問行河。十一月丙子，問言："臣至滑州決口相視，迎陽埽至大、小吳，水勢低下，舊河淤仰，故道難復。請於南樂大名埽開直河并簽河，分引水勢入孫村口，以解北京向下水患。"令圖亦以為然，於是減水河之議復起。既從之矣，會北京留守韓絳奏："引河近府，非是。詔即別相視。"二年二月，令圖、問欲必行前說，朝廷又從之。三月，令圖死，以王孝先代領都水，亦請如令圖議。

右司諫王覿言："河北人戶轉徙者多，朝廷責郡縣以安集，空倉廩以賑濟，又遣專使察視之，恩德厚矣。然耕耘是時，而流轉於道路者不已；二麥將熟，而寓食於四方者未還。其故何也，蓋亦治其本矣。今河之為患三：泛濫淳溢，漫無涯涘，吞食民田，未見窮已，一也。緣邊漕運獨賴御河，今御河淤澱，轉輸艱梗，二也。塘泊之設以限南北，濁水所經，即為平陸，三也。欲治三患，在遴擇都水、轉運而責成耳。今轉運使范子奇反覆求合，都水使者王孝先暗繆，望別擇人。"

時知樞密院事安燾深以東流為是，兩疏言："朝廷久議回河，獨憚勞費，不顧大患。蓋自小吳未決以前，河入

海之地雖屢變移，而盡在中國。故京師恃以北限彊敵，景
德澶淵之事可驗也。且河決每西，則河尾每北，河流既益
西決，固已北抵境上。若復不止，則南岸遂屬遼界，彼必
為橋梁，守以州郡，如慶曆中因取河南熟户之地，遂築軍
以窺河外，已然之效如此。蓋自河而南，地勢平衍，直抵
京師，長慮却顧，可為寒心。又朝廷捐東南之利，半以宿
河北重兵，備預之意深矣。使敵能至河南，則邈不相及。
今欲便於治河而緩於設險，非（奇）〔計〕❶也。」

　王巖叟亦言：「朝廷知河流為北道之患日深，故遣使
命水官相視便利，欲順而導之，以拯一路生靈於墊溺，甚
大惠也。然昔者專使未還，不知何疑而先罷議，專使反命，
不知何所取信，而議復興。既敕都水使者總護役事，調兵
起工，有定日矣，已而復罷。數十日間，變議者再三，何
以示四方？今有大害七，不可不早為計。北塞之所恃以為
險者在塘泊，黃河湮之，（捽）〔猝〕不可濬，浸〔失〕❷
北塞險固之利，一也。橫遏西山之水，不得順流而下，蹙
溢於千里，使百萬生齒居無廬、耕無田，流散而不復，二
也。乾寧孤壘，危絕不足道，而大名、深、冀心腹郡縣，
皆有終不自保之勢，三也。滄州扼北敵海道，自河不東
流，滄州在河之南，直抵京師，無有限隔，四也。并吞御
河，邊城失轉輸之便，五也。河北轉運司歲耗財用，陷租
賦以百萬計，六也。六、七月之間，河流交漲，占没西
路，阻絕邊使，進退不能，朝以為憂，七也。非此七害，

---

❶　原文爲“奇”，應爲“計”之誤。據《宋史·河渠二》改。

❷　原文爲“捽”，應爲“猝”之誤。“浸”後脱“失”字。據《宋史·河渠二》補。

委之可緩，而未治可也。且去歲之患也，甚前歲，今歲又甚焉，則奈何？望深詔執政大臣，早決河議而責成之。"太師文彥博、中書侍郎呂大防皆主其議。

中書舍人蘇轍謂右僕射呂公著曰："河決而北，先帝不能回，而諸公欲回之，是自謂智勇勢力過先帝也。盍因其舊而脩其未備乎？"公著唯唯。於是三省奏："自河北決，恩、冀以下數州被患，至今未見開脩的確利害，致妨興工。"乃詔河北轉運使、副，限兩月同水官講議聞奏。

十一月，講議官皆言："令圖、問相度開河，取水入孫村口還復故道處，測量得流分尺寸，取引不過，其說難行。"十二月，張景先復以問說為善，果欲回河，惟北京已上、滑州而下為宜，仍於孫村濬治橫河舊堤，止用逐埽人兵、物料，并年例客軍，春天漸為之可也。朝廷是其說。

（二）〔三〕年六月戊戌❶，乃詔："黃河未復故道，終為河北之患。王孝先等所議，已嘗興役，不可中罷，宜接續工料，向去決要回復故道。三省、樞密院速與商議施行。"右相范純仁言："聖人有三寶，曰慈，曰儉，曰不敢為天下先。蓋天下大勢，惟人君所向，群下競趨如川流山摧，小失其道，非一言一力可回，故居上者不可不謹也。今聖意已有所向而為天下先矣。乞諭執政：'前日降出文字，卻且進入。'免希合之臣，妄測聖意，輕舉大役。"尚書王存等亦言："使大河決可東回，而北流遂斷，何惜勞民費財，以成經久之利。今孝先等自未有必然之論，但僥幸萬一，以冀成功，又預求免責，若遂聽之，將有噬臍之

---

❶ 原文爲"二"，應爲"三"之誤。據《宋史·河渠二》改。

悔。乞望選公正近臣及忠實內侍，覆行按視，審度可否，興工未晚。"

庚子，三省、樞密院奏事延和殿，文彥博、呂大防、安燾等謂："河不東則失中國之險，為契丹之利。"范純仁、王存、胡宗愈則以虛費勞民為憂。存謂："今公私財力困匱，惟朝廷未甚知者，賴先帝時封椿錢物可用耳。外路往往空乏，奈何起數千萬物料、兵夫，圖不可必成之功？且御契丹得其道，則自景德至今八九十年，通好如一家，設險何禦焉？不然，如石晉末耶律德先犯闕，豈無黃河為阻？況今河流未必便衝過北界耶？"太后曰："且熟議。"明日，純仁又（盡）〔畫〕四不可之説，且曰："北流數年未為大患，而議者恐失中國之利，先事回改。正如頃西夏本不為邊患，而好事者以為恐失機會，遂興靈武之師也。臣聞孔子論為政曰：'先有司。'今水官未嘗保明，而先示決欲回河之旨，他日敗事，是使之得以籍口也。"

存、宗愈亦奏："昨親聞德音，更令熟議。然累日猶有未同，或令建議者結罪任責。臣等本謂建議之人思慮有未逮，故乞差官覆按。若但使之結罪，彼所見不過如此，後或誤事，加罪何益。臣非不知河決北流，為患非一。淤沿邊塘泊，斷御河漕運，失中國之險，遏西山之流。若能全回大河，使由孫村故道，豈非上下通願？但恐不能成功，為患甚於今日。故欲選近臣按視，若孝先之説決可成，則積聚物料，接續興役；如不可為，則令沿河踏行，自恩、魏以北，塘泊以南，別求可以疏導歸海去處，不必專主孫村。此亦三省共曾商量，望賜詳酌。"存又奏："自古惟有導河并塞河。導河者，順水勢，自高導令就下。塞河者，為河堤決溢，脩塞令入河身。不聞斡引大河令就高行流也，乞收回戊戌詔書。"

戶部侍郎蘇轍、中書舍人曾肇各三上疏。轍大略言：

黃河西流，議復故道。事之經歲，役兵二萬，聚梢樁等物三十餘萬。方河朔災傷困弊，而興必不可成之功，吏民竊歎。今回河大議雖寢，然聞議者固執來歲開河分水之策。今小吳決口入地已深，而孫村所開，丈尺有限，不獨不能回河，亦必不能分水。況黃河之性，急則通流，緩則淤澱，既無東西皆急之勢，安有兩河並行之理？縱使兩河並行，未免各立隄防，其費又倍矣。

今建議者其說有三，臣請析之：一曰御河湮滅，失饋運之利。昔大河在東，御河自懷、衛經北京，漸歷邊郡，饋運既便，商賈通行。自河西流，御河湮滅，失此大利，天實使然。今河自小吳北行，占壓御河故地，雖使自北京以南折而東行❶，則御河湮滅已一二百里，何由復見？此御河之說不足聽也。二曰恩、冀以北，漲水為害，公私損耗。臣聞河之所行，利害相半，蓋水來雖有敗田破稅之害，其去亦有淤厚宿麥之利。況故道已退之地，桑麻千里，賦役全復，此漲水之說不足聽也。三曰河徙無常，萬一自契丹界入海，邊防失備。按河昔在東，自河以西郡縣與契丹接境，無山河之限，邊臣建為塘水以扞契丹之衝。今河既西，則西山一帶契丹河行之地無幾，邊防之利，不言可知。然議者尚恐河復北徙，則海口出契丹界中，造舟為梁，便於南牧。臣聞契丹之河，自北南注以入于海。蓋地形北高，河無北徙之道，而海口深浚，勢無徙移，此邊防之說不足聽也。

---

❶ 原文爲"析"，應爲"折"之誤。據《宋史》改。

臣又聞謝卿材到闕，昌言："黃河自小吳決口乘高注北，水勢奔決，上流隄防無復決怒之患。朝廷若以河事付臣，不役一夫，不費一金，十年保無河患。"大臣以其異己，罷歸，而使王孝先、俞瑾、張景先三人重畫回河之計。蓋由元老大臣重於改過，故假契丹不測之憂，以取必於朝廷。雖已遣百禄等出按利害，然未敢保其不觀望風旨也。願亟回收買稍草指揮，來歲勿調開河役兵，使百禄等明知意所偏係，不至阿附以誤國計。

肇之言曰："數年以來，河北、京東、淮南災傷，今歲河北並邊稍熟，而近南州軍皆旱，京東西、淮南饑殍瘡痍。若來年雖未大興河役，止令脩治舊堤，開減水河，亦須調發丁夫。本路不足則及鄰路，鄰路不足則及淮南，民力果何以堪？民力未堪，則雖有回河之策，及稍草先具，將安施乎？"

會百禄等行視東、西二河，亦以為東流高仰，北流順下，決不可回。即奏曰：往者王令圖、張問欲開引水籤河，導水入孫村口，還復故道。議者疑焉，故置官設屬，使之講議。既開撅井筒，折量地形水面尺寸高下，顧臨、王孝先、張景先、唐義問、陳祐之皆謂故道難復。而孝先獨叛其説，初乞先開減水河，俟行流通快，新河勢緩，人工物料豐備，徐議閉塞北流。已而召赴都堂，則又請以二年為期。及朝廷詰其成功，遽云："來年取水入孫村口，若河流順快，工料有備，便可閉塞，回復故道。"是又不竢新河勢緩矣。回河事大，寧容異同如此！蓋孝先、俞瑾等知用物料五千餘萬，未有指擬，見買數計，經歲未及毫釐，度事理終不可為，故為大言。又云："若失此時，或河勢移背，豈獨不可減水，即永無回河之理。"臣等竊謂：

河流轉徙，廼其常事，水性就下，固無一定。若假以五年，休養數路民力，沿河積材，漸濬故道，葺舊堤，一旦流勢改變，審議事理，釃爲二渠，分派行流，均減漲水之害，則勞費不大，功力易施，安得謂之一失此時，永無回河之理也？

四年正月癸未，百祿等使回入對，復言："脩減水河，役過兵夫六萬三千餘人，計五百三十萬工，費錢糧三十九萬二千九百餘貫、石、（四）〔匹〕❶、兩，收買物料錢七十五萬三百餘緡，用過物料二百九十餘萬條、束，官員、使臣、軍大將凡一百一十餘員，請給不預焉。願罷有害無利之役，那移工料，繕築西堤以護南決口。"未報。己亥，乃詔罷〔回〕❷河及脩減水河。

四月戊午，尚書省言："大河東流，爲中國之要險。自大吳決後，由界河入海，不惟淤壞塘濼，兼濁水入界河，匀去淺澱，則河必北流。若河尾直注北界入海，則中國全失險阻之限，不可不爲深慮。"詔范百祿、趙君錫條畫以聞。

百祿等言："臣等昨按行黃河獨流口至界河，又東至海口，熟觀河流形勢；并緣界河至海口鋪砦地分使臣各稱：界河未經黃河行流已前，闊一百五十步下至五十步，深一丈五尺，下至一丈。自黃河行流之後，今闊至五百四十步，次亦三二百步，深者三丈五尺，次亦二丈。乃知水就下行疾，則自刮除成空而稍深，與《前漢書》大司馬史張戎之論正合。自元豐四年河出大吳，一向就下，衝入界

---

❶ 原文爲"四"，應爲"匹"。"貫石匹兩"是宋代常用的計量單位。

❷ 此處原脫"回"字，據《宋史·河渠二》補。

64

河，行流勢如傾建。經今八年，不捨晝夜，衝刷界河，兩岸日漸開闊，連底成空，趨海之勢甚迅。雖遇元豐七年、八年，元祐〔元年〕❶泛漲非常，而大吳以上數百里，終無決溢之害，此乃下流歸納處河流深快之驗也。塘濼有限遼之名，無禦遼之實。今之塘水，又異昔時，淺足以褰裳而涉，深足以維舟而濟，冬寒氷堅，尤為坦途。如滄州等處，商胡之決即已澱淤，今四十二年，迄無邊警，亦無人言以為深憂。自回河之議起，首以此動煩聖聽。殊不思大吳初決，水未有歸，猶不北去；今入海湍迅，界河益深，尚復何慮？籍令有此，則中國據上游，契丹豈不慮乘流擾之乎？自古（胡）〔朝〕那❷、蕭關、雲中、朔方、定襄、鴈門、上郡、太原、右北平之間，南北往來之衝，豈塘濼、界河之足限哉？"臣等竊謂，本朝以來，未有大河安流，合於禹迹，如此之利便者。其界河向去只有深闊，加以朝夕海潮往來渲蕩，必無淺澱，河尾安得直注北界，中國亦無全失險阻之理。且河遇平壤灘慢，行流稍遲，則泥沙留淤；若趨深走下，湍激奔騰，惟有刮除，無由淤積，不至上煩聖慮。

七月己巳朔，冀州南宮等五埽危急，詔撥提舉脩河司物料百萬與之。甲午，都水監言："河為中國患久矣，自小吳決後，汎濫未著河槽，前後遣官相度非一，終未有定論。以為北流無患，則前二年河決南宮下埽，去三年決上埽，今四年決宗城中埽，豈是北流可保無虞？以為大河臥

❶ 此處"元年"原脫。據《續資治通鑑長編》卷四二五補。

❷ 原文為"胡那"，誤。應為"朝那"。"朝那"音"朱諾"，古縣名，在今寧夏。

65

東，則南宮、宗城皆在西岸；以為臥西，則冀州信都、恩州清河、武邑或決，皆在東岸。要是大河千里，未見歸納經久之計，所以昨相度第三、第四鋪分決漲水，少紓目前之急。繼又宗城決溢，向下包蓄不定，雖欲不為東流之計，不可得也。河勢未可全奪，故為二股之策。今相視新開第一口，水勢湍猛，發泄不及，已不候工畢，更撥沙河隄第一口泄減漲水，因而二股分行，以紓下流之患。雖未保冬夏常流，已見有可為之勢。必欲經久，遂作二股，仍較今所脩利害孰為輕重，有司具析保明以聞。"

八月丁未，翰林學士蘇轍言："夏秋之交，暑雨頻併。河流暴漲出岸，由孫村東行，蓋每歲常事。而李偉與河埽使臣因此張皇，以分水為名，欲發回河之議，都水監從而和之。河事一興，求無不可，況大臣以其符合己說而樂聞乎？臣聞河道西行孫村側左，大約入地二丈以來，今所報漲水出岸，由新開口地東入孫村，不過六七尺。欲因六七尺漲水，而奪入地二丈河身，雖三尺童子，知其難矣。然朝廷遂為之遣都水使者，興兵功，開河道，進鋸牙，欲約之使東。方河水盛漲，其西行河道若不斷流，則遏之東行，實同兒戲。臣願急命有司，徐觀水勢所向，依累年漲水舊例，因其東溢，引入故道，以紓北京朝夕之憂。故道隄防壞決者，第略加脩葺，免其決溢而已。至於開河、進約等事，一切毋得興功，俟河勢稍定然後議。不過一月，漲水既落，則西流之勢，決無移理。兼聞孫村出岸漲水，今已斷流，河上官吏未肯奏知耳。

是時，吳安持與李偉力主東流，而謝卿材謂"近歲河流稍行地中，無可回之理"，上河議一編。召赴政事堂會議，大臣不以為然。癸丑，三省、樞密院言："繼日霖雨，河上之役恐煩聖慮。"太后曰："訪之外議，河水已東復故道矣。"乙丑，李偉言："已開撥北京南沙河直堤第三鋪，放水入孫村口故道通行。"又言："大河已分流，既更不須開淘。因昨來一決之後，東流自是順決，渲刷漸成港道。見今已為二股，約奪大河三分以東，若得夫二萬，於九月興工，至十月寒凍時可畢。因引導河勢，豈止為二股通行而已，亦將遂為回奪大河之計。今來既因擗捗東流，脩全鋸牙，當迤邐增進一埽，而取一埽之利，比至來年春夏之交，遂可全復故道。朝廷今日當極力必閉北流，乃為上策。若不明詔有司，即令回河，深恐上下遷延，議終不決，觀望之間，遂失機會。乞復置脩河司。"從之。

五年正月丁亥，梁燾言："朝廷治河，東流北流，本無一偏之私。今東流未成，邊北之州縣未至受患，其役可緩；北流方悍，邊西之州縣日夕可憂，其備宜急。今傾半天下之力，專言東流，而不加一夫一草於北流之上，得不誤國計乎！去年屢決之害，全由隄防無備。臣願嚴責水官，脩治北流埽岸，使一方均被惻隱之恩。"

二月己亥，詔開脩減水河。辛丑，乃詔三省、樞密院："去冬愆雪，今未得雨，外路旱暵闊遠，宜權罷脩河。"戊申，蘇轍言："臣去年使契丹，過河北，見州縣官吏，訪以河事，皆相視不敢正言。及今年正月，還自契丹，所過吏民，方舉手相慶，皆言近有朝旨，罷回河大役，命下之日，北京之人驩呼鼓舞。惟減水河役遷延不止，耗蠹之事，十存四五，民間竊議，意大臣業已為此，勢難遽回。既為聖鑒所臨，要當迤邐盡罷。今月六日，果蒙聖旨，以旱災為名，權罷修黃河，候今秋取責。大臣覆奏盡罷黃河東、北流及諸河功役，民方憂旱，聞命踴躍，實荷聖恩。然臣竊詳聖旨，上合天意，下合民心。因水之性，功力易就，天語激切，中外聞者，或至泣下，而大臣奉行不得其平。由此觀之，則是大臣所欲，雖害物而必行；陛下所為，雖利民而不聽。至於委曲回避，巧為之說，僅乃得行，君權已奪，國勢倒植。臣所謂君臣之間，逆順之際，大為不便者，此事是也。黃河既不可復回，則先罷脩河司，只令河北轉運司盡將一道兵功，脩貼北流堤岸；罷吳安持、李偉都水監差遣，正其欺罔之罪，使天下曉然知聖意所在。如此施行，不獨河事就緒，天下臣庶，自此不敢以虛誑欺朝廷，弊事庶幾漸去矣。"

八月甲辰，提舉東流故道李偉言："大河自五月後日益暴漲，始由北京南沙堤第七鋪決口，水出於第三、第四鋪并清豐口一併東流。故道河槽深三丈至一丈以上，比去年尤為深快，頗減（比）〔北〕流橫溢之患。然今已秋深，水當減落，若不稍加措置，慮致斷絕，即東流遂成淤澱。望下所屬官司，經畫沙堤等口分水利害，免淤故道，上誤國事。"詔吳安持與本路監司、北外丞司及李偉按視，"具合措置事連書以聞。"九月，中丞蘇轍言："脩河司若不罷，李偉若不去，河水終不得順流，河朔生靈終不得安居。乞速罷脩河司，及檢舉六年四月庚子敕，竄責李偉。"

七年三月，以吏部郎中趙偁權河北轉運使。偁素與安持等議不協，嘗主河議，其略曰："自頃有司回河幾三年，功費騷動半天下，復為分水又四年矣。故所謂分水者，因河流，相地勢，導而分之。今乃橫截河流，置埽約以扼之，開濬河門，徒為淵澤，其狀可見，況故道千里，其間又有高處，故累歲漲落輒復自斷。夫河流有逆順，地勢有高下，非朝廷可得而見，職在有司，朝廷任之亦信矣，患有司不自信耳。臣謂當繕大河北流兩堤，復脩宗城棄堤，閉宗城口，廢上、下約，開闞村河門，使河流湍直，以成深道。聚三河工費以治一河，一二年可以就緒，而河患庶幾息矣。願以河事并都水條例一付轉運司，而總以工部，罷外丞司使，措置歸一，則職事可舉，弊事可去。"

四月，詔："南北外兩丞司管下河埽今後令河北京西轉運使、副、判官、府界提點分認界至，内河北仍於銜内帶'兼管南北外都水公事。'"十月辛酉，以大河東流，賜都水使者吳安持三品服，北都水監丞李偉再任。

八年二月乙卯，三省奉旨："北流軟堰，並依都水監所奏。"門下侍郎蘇轍奏："臣嘗以謂軟堰不可施於北流，利害甚明。蓋東流本人力所開，闊止百餘步，冬月河流斷絕，故軟堰可為。今北流是大河正流，北之東流，何止數倍，見今河水行流不絕，軟堰何由能立？蓋水官之意，欲以軟堰為名，實作硬堰，陰為回河之計耳。朝廷既以覺其意則軟堰之請不宜復從。"趙偁亦上議曰："臣竊謂河事大利害有三，而言者互進其說。或見近忘遠，徼倖盜功；或取此捨彼，譸張昧理。遂使大利不明，大害不去，上惑朝聽，下滋民患，橫役枉費，殆無窮已，臣切痛之。所謂大利害者，北流全河，患水不能分也；東流分水，患水不能行也；宗城河決，患水不能閉也。是三者，去其患則為利，未能去則為害。今不謀北，而議欲專閉北流，止知一日可閉之利，而不知異日既塞之患；止知北流伏槽之水易為力，而不知闞村方漲之勢，未可併以入東流也。夫欲合河以為利，而不恤上下壅潰之害，是皆見近忘遠、徼倖盜功之事也。有司欲斷北流而不執其咎，乃引分水為說，姑為軟堰；知河衝之不可以軟堰禦，則又為決堰之計。臣恐枉有工費，而以河為戲也。請俟漲水伏槽，觀大河之勢，以治東流、北流。”

五月，水官卒請進梁村上、下約，束狹河門，既涉漲水，遂壅而潰。南犯德清，西決内黄，東淤梁村，北出闞村，宗城決口復行魏店，北流因淤遂斷，河水四出，壞東郡浮梁。

十二月丙寅，監察御史郭知章言：“臣比緣使事至河北，自澶州入北京，渡孫村口，見水趨東者，河甚闊而深，又自北京往洺州，過楊家淺口復渡，見水之趨北者纔十之二三，然後知大河宜閉北行東。乞下都水監相度。”於是吳安持復兼領都水，即建言：“近準朝旨，已堰斷魏店刺子，向下北流一股斷絶。然東西未有堤岸，若漲水稍大，必披灘漫出，則平流在北京、恩州界，為害愈甚。乞塞梁村口、纜張包口，開青豐口以東雞爪河，分殺水勢。”呂大防以其與己意合，向之。詔同北京留守相視。時范純仁復為右相，與蘇轍力以為不可。遂降旨：“令都水監與本路安撫、轉運、提刑司共議，可則行之，有異議速以聞。”紹聖元年正月也。

是時，轉運使趙偁深不以為然，提刑上官均頗助之。偁之言曰：“河自孟津初行平地，必須全流乃成河道。禹之治水，自冀北抵滄、棣，始播為九河，以其近海無患也。今河自横壟、六塔、商胡、小吳，百年之間，皆從西決，蓋河徙之常勢。而有司置埽創約，横截河流，回河不成，因為分水。初決南京，再決宗城，三決内黄，亦皆西決，則地勢西下，較然可見。今欲弭息河患，而逆地勢、戾水性，臣未見其能就功也。請開闞村河門，脩平鄉鉅鹿埽、焦家等堤，濬澶淵故道，以備漲水。”大名安撫使許將言："度今之利，若舍故道止從北流，則慮河下流已湮，而上流橫潰，為害益廣；若直閉北流，東徙故道，則復慮受水不盡而被〔破〕❶堤為患。竊〔謂〕❷宜因梁村之口以行東，因內黃之口以行北，而盡閉諸口，以絶大名諸州之患。俟春夏水大至，乃觀故道，足以受之，則內黃之口可塞；不足以受之，則梁村之役可止。定其成議，則民心固，而河之順復有時，可以保其無害。"詔："令吳安持同都水監丞鄭佑，與本路安撫、轉運、提刑司官，具圖狀保明聞奏，即有未便，亦具利害來上。"

三月癸酉，監察御史郭知章言："河復故道，水之趨東，已不可遏。近日遣使按視，巡司議論未一。臣謂水官朝夕從事河上，望專之。"乙亥，呂大防罷相。

六月，右正言張商英奏言：元豐間河決南宮口，講議累年，先帝歎曰："神禹復生，不能回此河矣。"乃勅："自今後不得復議回河、閉口。"盖採用漢人之論，俟其泛濫自定也。元祐初，文彥博、呂大防以前勅非是，拔吳安持為都水使者，委以東流之事。京東、河北五百里（外）〔內〕❸差夫，五百里外出錢雇夫，及支借常平倉司錢買稍草，斬伐榆柳，凡八年而無寸尺之效。乃遷安持太僕卿，王宗望代之。宗望至，則劉奉世猶以彥博、大防餘意，力主東流，以梁村口吞納大河。今則梁村口淤澱，而開沙堤兩處決口以泄水矣。前議累七十里堤以障北流，今則云俟霜降水落興工矣。朝廷咫尺，不應九年為水官蔽欺如此。

---

❶ 原文爲"被"，爲"破"之誤。據《宋史》中華書局標點本改。

❷ 原文"竊"後脫"謂"字。據《宋史》補。

❸ 原文爲"外"，明顯有誤，應爲"內"，據《宋史》改。

九年之内，年年礬山水漲，霜降水落，豈獨今年始有漲水，而待水落乃可以興工耶？乞遣使按驗虛實，取索回河以來公私費錢糧、（稍）〔梢〕草，依仁宗朝六塔河施行。"會七月辛丑，廣武埽危急，詔王宗望亟往救護。壬寅，帝謂輔臣曰："廣武去洛河不遠，須防漲溢下灌京師。"已遣中使視之。輔臣出圖狀以奏曰："此由黃河北岸生灘，水趨南岸。今雨止，河必減落，已下水官與洛口官同行按視，為簽隈及去北岸嫩灘，令河順直，則無患矣。"

八月丙子，權工部侍郎吳安持等言："廣武埽危急，刷塌堤身二千餘步處，地形稍高。自鞏縣東七里店至見今洛口，約不滿十里，可以別開新河，引導河水近南行流，地步至少，用功甚微。王宗望行視，并開井筒，各稱利便外，其南築大堤，工力浩大，乞下合屬官司躬往相度保明。"從之。

十月丁酉，王宗望言："大河自元豐潰決以來，東、北兩流，利害極大，頻年紛爭，國論不決，水官無所適從。伏自奉詔，凡九月，上稟成筭，自闞村下至栲栳堤七節河門，並皆閉塞，築金隈七十里，盡障北流，使全河通還故道，以除河患。又自闞村下至海口，補築新舊隈防，增脩疏濬河道之淤淺者，雖盛夏漲潦，不至壅決。望付史官，紀紹聖以來聖明獨斷，致此成績。"詔宗望等具析脩閉北流部役官等功力〔等〕第以聞❶。然是時東流堤防未幾固繕，瀕河多被水患，流民入京師，往往泊御廊及僧舍。詔給券，諭令還本土，以就賑濟。己酉，安持又言："準朝旨相度開濬澶州故道，分減漲水。按：澶州本是河

---

❶ 此處原脫 "等" 字。據《宋史》補。

行舊道，頃年曾乞開脩，時以東西地形高仰，未可興工。欲乞且行疏導燕家河，仍令所屬先次計度，合增脩一十一埽所用工料。"詔："令都水監候來年將及漲水月分先具利害以聞。"癸丑，三省、樞密院言："元豐八年，知澶州王令圖議，乞脩復大河故道。元祐四年，都水使者吳安持因紓南宮等埽危急，遂就孫村口爲回河之策。及梁村進約東流，孫村口窄狹，德清軍等處皆被水患。今春，王宗望等雖於內黃下埽閉斷北流，然至漲水之時，猶有三分水勢，而上流諸埽已多危急，下至將陵埽，決壞民田。近又據宗望等奏，大河自閉塞闞村而下，及創築新堤七十餘里，盡閉北流，全河之水東還故道。今訪聞東流向西，地形已高，水行不快。既閉斷北流，將來盛夏，大河漲水全歸故道，不惟舊堤損缺怯薄，而闞村新堤亦恐未易枝梧。兼京城上流諸處埽岸，慮有壅滯衝決之患，不可不預爲經畫。"詔："權工部侍郎吳安持、都水使者王宗望、監丞（郭）〔鄭〕❶佑同北外監丞司，自闞村而下直至海口，逐一相視，增脩疏濬，不致壅滯衝決。"

丙辰，張商英又言："今年已閉北流，都水監長、貳交章稱賀，或乞付史官，則是河水已歸故道，止宜脩緝堤埽，防將來衝決而已。近聞王宗望、李仲却欲開澶州故道以分水，吳安持乞候漲水前相度。緣開澶州故道，若不與今東流底平，則纔經水落，立見淤塞。若與底平，則從初自合閉口回河，何用九年，費財動衆？安持稱候漲水相度，乃是悠悠之談。前來漲水并今來漲水，各至澶州、德

---

❶ 原文爲"郭佑"，誤，應爲"鄭佑"。《宋史》舊本亦作"郭佑"。中華書局標點本據《續資治通鑒長編》改，今據此改。

清軍界，安持首尾九年，豈得不見。更欲延至明年，乃是狡兔三穴，自為潛身之計，非公心為國事也。況立春漸近調夫，如是時不早定議，又留後說，邦財民力何以支持？訪聞先朝水官孫民先、元祐六年水官賈種民，各有河議，乞取索照會。召前後本路監司及經歷河事之人，與水官詣都堂，反覆詰難，務取至當，經久可行。"朱光庭上疏曰："河之所以可治，朝廷難以遙度，責在水官任職而已。其所用物料、所役兵夫，水官既任責，則朝廷自合應副。將來成功，則當不惜重賞；設或敗事，亦當必行重責。伏乞朝廷指揮下脩河司，取責水官，委實可以廻復大河，結罪狀，庶使身任其責，以實從事，不至朝廷有所過舉。"范祖禹上疏曰："臣聞周靈王之時，穀、洛水鬬，將毀王宮，王欲壅之，太子晉諫，以為不可。今大河豈穀洛之比，又無王宮之害，以何理而欲塞之也？韓聞秦之好興事，欲疲之，無令東伐，乃使水工鄭國為之間，以說秦令鑿（經）〔涇〕水為渠、溉田。夫（一以）〔以一渠〕❶ 猶能疲秦，使無東伐，今回河之役不知幾渠，而自困民力，自竭國用，又多殺人命，不可勝言之害，此乃西北二虜所（奉）〔幸〕也❷。今之河流方稍復大禹舊迹，入界河（超）〔趨〕❸ 海，初無壅（底）〔滯〕。萬壑所聚，其來遠大，必無可塞之理自古無有容易塞河之事。乞以數路生民為念，以國家安危、朝廷輕重為急，速賜指揮停罷脩河。今將大

---

❶ 原文作"一以"，不通。據《續資治通鑑長編》卷四三四改。爲"以一渠"。

❷ 原文爲"奉"，爲"幸"之誤。據《宋史》改。

❸ 原文爲"超"，爲"趨"之誤。原文"底"爲"滯"之誤。據《宋史》改。

冬盛寒，宜早降德澤，免生民飢凍死亡，正李偉等欺罔之罪。昨開第三、第四鋪，而第七鋪潰決，殆非人意所料，恐將來閉塞必有不測之患。"

范純仁上疏曰："臣聞堯舜之治，不過知人、安民。知人則不輕信，安民則不妄動，情希好進、行險生事於聖明無事之朝，則必妄說利害，覬朝廷舉事，以求爵賞。朝廷若輕信其言，則民不安矣。百姓久勞，方賴陛下安養，不急之務不可遽興。蒙陛下專遣范百禄、趙君錫相度，歸陳回河之害甚明，尋蒙宸斷，復詔大臣，令速罷脩河司，臣預奉行詔旨，深以復見堯舜知人安民為慶。三兩月來，却聞孫村有溢岸，水自然東行，議者以謂可因水勢以成大利，朝廷遂捨向來范百禄、趙君錫之議，而復興回河之役。臣觀今之舉動次第，是用'時不可失'之說，而欲竭力必成。臣更不敢以難成，雖成，三五年間必有溢為慮，只且以河水東流之後，增添兩岸堤防鋪分，大設數多，逐年防守之費，所加數倍，財用之耗蠹與生民之勞擾，無有已時。更望聖慈特降睿旨，再下有司，預行回河之役，逐年兩岸埽鋪防扞工費，比之今日所增幾何，及逐年致物於甚處辦，則利害灼然可見。利多害少尚覬（稔）〔徐〕圖❶，苟利少害多，尤宜安靜。定議歸一，庶免以有限之財事無涯之功。"

紹聖二年七月戊午，詔："沿黃河州軍，河防決溢，並即申奏。"

元符二年二月乙亥，北外都水丞李偉言："相度大小河門，乘此水勢衰弱，並先脩閉，各立蛾眉埽鎮壓。乞次於河北、京東兩路差正夫三萬人，其他夫數令脩河官和

---

❶ 原文爲"稔"，文義不通。據《宋史》改爲"徐"。

雇。"三月丁巳，偉又乞於澶州之南大河身內開小河一道，以待漲水，紓解大吳口下注北京一帶向著之患。並從之。六月末，河決內黃口，東流遂斷絕。八月甲戌，詔："大河水勢十分北流，其以河事付轉運司，責州縣共力救護堤岸。"辛丑，左司諫王祖道請正吳安持、鄭祐、李仲、李偉之罪，投之遠方，以明先帝北流之志。詔可。

　　三年正月乙卯，徽宗即位。鄭祐、吳安持輩皆用登極大赦，次第復。中書舍人張商英繳（奉）〔奏〕❶："祐等昨主回河，皆違神宗北流之意。"不聽。商英又嘗論水官非其人，治河當行其所無事，一用隄障，猶塞兒口止其啼也。三月，商英復陳五事：一曰行古沙河口，二曰復平恩四埽，三曰引大河自古漳河、浮河入海，四曰築御河西堤，而開東堤之積，五曰開水門口泄徒駭河東流。大要欲隨地勢疏浚入海。

---

❶　原文爲"奉"字應爲"奏"。據《宋史》改。

卷 之 七

議河治河考（五）

宋徽宗建中靖國元年春，尚書省言："自去夏蘇村漲水，後來全河漫流，今已淤高三四尺，宜立西堤。"詔都水使者魯君貺同北外丞司經度之。於是左正言任伯雨奏："河為中國患二千歲矣，自古竭天下之力以事河者，莫如本朝。而徇衆人偏見，欲屈大河之勢以從人者，莫甚於近世。臣不敢遠引，祗如元祐末年小吳決溢，議者乃譎謀異計，欲立奇功，以邀厚賞。不顧地勢，不念民力，不惜國用，力建東流之議。當洪流中，立馬頭，設鋸齒，稍芻材木，耗費百倍。力遏水勢，使之東注，陵虚駕空，非特行地上而已。增堤益防，惴惴恐決，澄沙淤泥，久益高仰，一旦決潰，又復北流。此非隄防之不固，亦理勢之必至也。昔禹之治水，不獨行其所無事，亦未嘗不因其變以導之。蓋河流混濁，淤沙相半，流行既久，迤邐淤澱，則久而必決者，勢不能變也。或北而東，或東而北，亦安可以人力制哉！為今之策，正宜因其所向，寬立堤防，約攔水勢，使不至大段漫流。若恐北流淤澱塘泊，亦祗宜因塘泊之岸，增設隄防，乃為長策。風聞近日又有議者獻東流之計。不獨比年災傷，居民流散，公私匱竭，百無一有，事勢窘急，固不可為。抑以自高注下，湍流奔猛，潰決未久，勢不可改。設若興工，公私徒耗，殆非利民之舉，實自困之道也。"

崇寧三年十月，臣僚言："昨奉詔措置大河，即由西路歷沿邊州軍，回至武強縣，循河堤至深州，又北下衡水縣，乃達于冀。又北度河，過遠來鎮，及分遣屬僚相視恩州之北河流次第。大抵水性無有不下，引之就高，決不可得。況西山積水，勢必欲下，各因其勢而順導之，則無壅遏之患。"詔開脩直河以殺水勢。

四年二月，工部言："乞脩蘇村等處運糧河堤為正堤，以支漲水，較脩棄堤直堤，可減工四十四萬，料七十一萬有奇。"從之。閏二月，尚書省言："大河北流，合西山諸水，在深州、武強、瀛州樂壽埽，俯瞰雄、霸、莫州及沿邊塘濼，萬一決溢，為害甚大。"詔增二埽堤及儲蓄，以備漲水。是歲，大河安流。五年二月，詔滑州繫浮橋於北岸，仍築城壘，置官兵守護之。八月，葺陽武副堤。

大觀元年二月，詔於陽武上埽第五鋪開脩直河至第十五鋪，以分減水勢。有司言："河身當長三千四百四十步，面闊八十尺，底闊五丈，深七尺，計役十萬七千餘工，用人夫三千五百八十二，凡一月畢。"從之。十二月，工部員外郎趙霆言："南北兩丞司合開直河者，凡為里八十有七，用緡錢八九萬。異時成功，可免河防之憂，而省久遠之費。"詔從之。二年五月，霆上免夫之議，大略謂："黃河調發人夫，脩築埽岸，每歲春首，騷動數路，常至敗家破產。今春滑州魚池埽合起夫役，嘗令送免夫之直，用以買土，增貼埽岸，比之調夫，反有贏餘。乞詔有司，應堤埽合調春夫，並依此例，立為永法。"詔曰："河防夫工歲役十萬，瀕河之民困於調發。可上戶出錢免夫，下戶出力充役，其相度條畫以聞。"

丙申，邢州言河決，陷鉅鹿縣。詔遷縣於高地。又以趙州隆平下濕，亦遷之。六月己卯，都水使者吴玠言：
"白元豐間小吴口決，北流入御河，下合西山諸水，至青
州獨流砦三义口入海。雖深得保固形勝之策，而歲月浸
久，侵犯塘堤，衝壞道路，齧損城砦。臣奉詔脩治堤防，
禦扞漲溢，然築八尺之堤，當九河之尾，恐不能敵。若不遇
有損缺，逐旋增脩，即又至隳壞，使與塘水相通，於邊防非
計也。乞降旨脩葺。"從之。三年八月，詔沈純誠開撩（兔）
〔兔〕源〔河〕，在廣武埽對岸，分減埽下漲水也。

政和四年十一月，都水使者孟昌齡言："今歲夏秋漲
水，河流上下並行中道，滑州浮橋不勞解拆，大省歲費。"
詔許稱賀，官吏推恩有差。昌齡又獻議，導河大伾，可置
永遠浮橋，謂："河流自大伾之東而來，直大伾山西而止，
數里方回南，東轉而過，復折北而東，則又直至大伾山之
東，亦止不過十里耳。視地形水勢，東西相直徑易，曾不
十里餘間❶，且地勢低下，可以成河，倚山可為馬頭；又
有中潬，正如河陽。若引使穿大伾大山及東北二小山，分
為兩股而過，合於下流，因是三山為趾，以繫浮梁，省費
數十百倍，可寬河朔諸路之役。"朝廷喜而從之。

五年六月癸丑，降德音于河北、京東、京西路，其略
曰："鑿山釃渠，循九河既道之迹；為梁跨趾，成萬世永
賴之功。役不踰時，慮無愆素。人絕往來之阻，地無南北
之殊。靈（祇）〔祇〕懷柔，黎庶呼舞。眷言朔野，爰暨
近畿，畚鍤繁興，薪芻轉徙，民亦勞止，朕甚憫之。宜推
在宥之恩，仍廣蠲除之惠。"又詔："居山至大伾山浮橋，
屬濬州者賜名天成橋；大伾山至汶子山浮橋，屬滑州者賜

---

❶ 《宋史》卷九十三作"曾不十餘里間"。

名榮光橋。"俄改榮光曰聖功。七月庚辰，御製橋名，磨崖以刻之。方河之開也，水流雖通，然湍激猛暴，遇山稍隘，往往泛溢，近砦民夫多被漂溺，因亦及通利軍，其後遂注成巨深云。八月乙亥，都水監言："大河以就三山通流，正在通利之東，慮水溢為患。乞移軍城於大伾山、居山之間，以就高仰。"從之。十月丙寅❶，都水使者孟揆言："大河連經漲淤，灘面已高，致河流傾側東岸。今若脩閉棄強上埽決口，其費不貲，兼冬深難施人力。縱使極力脩閉，東堤上下二百餘里，必須盡行增築，與水爭力，未能全免決溢之患。今漫水行流，多鹹鹵及積水之地，又不犯州軍，止經數縣地分，迤邐纏御河歸納黃河。欲自決口上恩州之地水堤為始，增補舊堤，接續御河東岸，簽合大河。"從之。乙亥，臣僚言："禹跡湮沒於數千載之遠，陛下神智獨運，一旦興復，導河三山。長堤盤固，橫截巨漫，依山為梁，天造地設。威宗南北，度越前古，歲無解繫之費，人無病涉之患。大功既成，願申飭有司，隨為隄防，每遇漲水，不輟巡視。"

七年五月丁巳，臣僚言："恩州寧化鎮大河之側，地勢低下，正當灣流衝激之處。歲久堤岸怯薄，沁水透堤甚多，近鎮居民例皆移避。方秋夏之交，時雨霶然，一失隄防，則不惟東流莫測所向，一隅生靈所係甚大，亦恐妨阻大名、河間諸州往來邊路。乞付有司，貼築固護。"從之。六月癸酉，都水使者孟楊言："舊河陽南北兩河分流，立中潬，繫浮梁。頃緣北河淤澱，〔水行不通，止於南河脩

---

❶ 十月丙寅 《宋史》卷九十三作"十一月丙寅"。

系〕一橋❶，因此河項窄狹，水勢衝激，每遇漲水，多致損壞。欲指置開脩北河，如舊脩繫南北兩橋。"從之。

重和元年三月己亥，詔："滑州、濬州界萬年堤，全籍林木固護堤岸，其廣行種植以壯地勢。"五月甲辰，詔："孟州河陽縣第一埽，自春以來，河勢湍猛，侵嚙民田，迫近州城止二三里。其令都水使者同漕臣、河陽守臣措置固護。"是秋，雨，廣武埽危急，詔內侍（土）〔王〕❷ 仍相度措置。宣和元年十二月，開脩免源河并直河，畢工，降詔奬諭。

欽宗靖康元年三月丁丑，京西轉運司言："本路歲科河防夫三萬，溝河夫一萬八千。緣連年不稔，群盜劫掠，民力困弊，乞量數減放。"詔減八千人。

---

❶ 原文爲"北河淤澱一橋"，文義不通。據《宋史》卷九十三補。
❷ 原文爲"土"，上下文義不通。據《宋史》改作"王"。

卷 之 八

議河治河考（六）

元世祖至元九年七月，衞輝河決。委都水監丞馬良弼與本路官同詣相視，差水夫併力脩完之。十七年遣使窮河源。

成宗大德元年秋七月，河決杞縣蒲口，乃命河北河南廉訪使尚文相度形勢，為久利之策。文言："長河萬里西來，其勢湍猛，至孟津而下，地平土疏，移徙不常，失禹故道，爲中國患，不知幾千百年矣。自古治河，處得其當，則用力少而患遲；事失其宜，則用力多而患速。此不易之定論也。今陳留抵睢，東西百有餘里，南岸舊河口十一，已塞者二，自涸者六，通川者三，岸高於水計六七尺或四五尺；北岸故堤，其水比田高三四尺，或高下等。大槩南高於北約八九尺，堤安得不壞，水安得不北也！蒲口今決（十）〔千〕有餘步❶，迅速東行，得水舊潰，行二百里，至歸德橫堤之下，復合正流。或強湮遏，上決下潰，功不可成。揆今之計，河（西）〔北〕郡縣❷，順水之性，遠築長垣以禦泛溢。歸德、徐、邳，民避衝潰，聽從安便。被患之家，宜於河南退灘地內，給付頃畝，以為永業。異時河決他所者亦如此，亦一時救荒之良策也。蒲口不塞便。"朝廷從之。

---

❶ 原文爲"十"，誤。應爲"千"。據《元史・尚文傳》改。

❷ 原文爲"河西"，據《元史・尚文傳》校勘記，改爲"河北"。

會河朔郡縣、山東憲部爭言："不塞則河北桑田盡為魚鱉之區，塞之便。"復從之。明年蒲口復決，塞河之役無歲無之。是後，水北入復河故道，竟如文言。

丘公《大學衍義補》曰：河為中原大害，自古治之者未有能得上策者也。蓋以河自星宿海發源，東入中國，踰萬里，凡九折焉。合華夷之水，千流萬派，以趨於海，其源之來也遠矣，其水之積也衆矣。夫以萬川而歸於一壑，所來之路孔多，所牧之門束隘，而欲其不泛溢，難矣。況孟津以下，地平土疏，易為衝決，而移徙不常也。我漢唐以來，賈讓諸人言治河者，多隨時制宜之策。在當時雖或可行，而今日未必皆便。元時去今未遠，地勢物力大段相似，尚文所建之策雖非百世經久之長計，然亦一時救弊之良方。宜令河南藩憲每年循行並河郡縣，如文所言者，相地所宜，或築長垣以禦泛溢，或開淤塞以通束隘；從民所便，或遷村落以避衝潰，或給退灘以償所失。如此，雖不能使並河州郡百年無害，而被患居民亦可暫時蘇息矣。二年秋七月，大雨，河決，漂歸德屬縣。詔免田租一年。三年五月，河南省言："河決蒲口兒等處，差官脩築。計料：合脩土堤二十五處，共長三萬九千九十二步，總用葦四十萬四千束，徑尺樁二萬四千七百二十株，役夫七千九百二人。"

武宗至大三年十一月，河北河南道廉訪司言："黃河決溢，千里蒙害。浸城郭，湮室廬，壞禾稼，百姓已罹其毒，然後訪求脩治之方，而衆議紛紜，互陳利害，當事者疑惑不決，必須上請朝省，比至議定，其害滋大，所謂不預已然之弊。大抵黃河伏槽之時，水勢似緩，觀之不足為害，一遇霖潦，湍浪迅猛。自孟津以東，土性疏薄，兼帶沙滷，又失導洩之方，崩潰決溢，可翹足而待。近歲亳、颍之民，幸河北徙，有司不能远虑，失于规划，使陂湾悉为陆地。东至杞县三义口，播河为三，分杀其势，盖亦有年。往岁归德、太康建言，相次湮塞南北二义，遂使三河之水合而为一。下流既不通畅，自然上溢为灾。由是观之，是自夺分泄之利，故其上下决溢至今莫除。度今水势趋下，有复钜野、梁山之意。盖河性迁徙无常，苟不为远计预防，不出数年，曹、濮、济、郓蒙害必矣。今之所谓治水者，徒而议论纷纭，咸无良策。水监之官既非精选，知河之利害者百无一二。虽每年累驿而至，名为巡河，徒应故事，问地形之高下，则懵不知，访水势之利病，则非所习。既无实才，又不经练，乃或妄兴事端，劳民动众，阻逆水性，翻为后患。为今之计，莫若于汴梁置都水分监，妙选廉干、深知水利之人，专职其任，量存员数，频为巡视，谨其防护。可疏者疏之，可堙者堙之，可防者防之。职掌既专，则事功可立。较之河已决溢，民已被害，然后卤莽脩治以劳民者，乌可同日而语哉。"

仁宗延祐元年八月，河南等处行中书省言："黄河涸露旧水泊污池，多为势家所据，忽遇泛溢，水无所归，遂致为害。由此观之，非河犯人，人自犯之。拟差知水利都水监官，与行省廉访司同相视，可以疏阔隄障，比至泛溢，先加脩治，用力少而成功多。又汴梁路睢州诸处，决破河口数十，内开封县小黄村计会月隄一道，都水分监脩筑障水堤堰，所拟不一，宜委请行省官与本道宪司、汴梁路都水分监官及州县正官，亲历按验，从长讲议。"上自河阴，下至陈州，与拘该州县官一同沿河相视。开封县小黄村河口，测量比旧浅减六尺。陈留、通许、太康旧有蒲苇之地，后因闭塞西河、塔河诸水口，以便种莳，故他处连年溃决。各官公議："治水之道，惟當順其性之自然。嘗聞大河自陽武、胙城，由白馬、河間東北入海。歷年既久，遷徙不常。每歲泛溢，兩岸時有衝決，強為閉塞，正及農忙，科樁稍，發丁夫，動至數萬，所費不可勝紀，其弊多端，郡縣嗷嗷，民不聊生。蓋黃河善遷徙，惟宜順下疏泄。今相視上自河陰，下抵歸德，經夏水漲，甚於常年，以小黃村口分洩之故，並無衝決，此其明驗也。詳視陳州，最為低窪，瀕河之地，今歲麥禾不收，民饑特甚。欲為拯救，奈下流無可疏之處。若將小黃村河口閉塞，必移患隣郡。決上流南岸，則汴梁被害；決下流北岸，則山東可憂。事難兩全，當以小就大。如免陳州差稅，賑其饑民，陳留、通許、太康縣被災之家，依例取勘賑恤。其小黃村河口仍舊通疏外，據俺築月堤并障水隄，閉河口，別難議擬。"於是凡汴梁所轄州縣河隄，或已俺治，及當疏通與補築者，條例具備。

五年正月，河北河南道廉訪副使奧屯言："近年河決杞縣小黃村口，滔滔南流，莫能禦遏，陳、潁瀕河膏腴之地浸没，百姓流散。今水迫汴城，遠無數里，儻值霖雨水溢，倉卒何以防禦。方今農隙，宜為講究，使水歸故道，達於江淮，不惟陳、潁之民得遂其生，竊恐將來浸灌汴城，其害匪輕。"於是大司農下都水監移文汴梁分監俺治，自六年二月十一日興工，至三月九日工畢，總計北至槐疙疸兩舊堤，下廣十六步，上廣四步，高一丈六尺為一工堤❶，南至窑務汴

---

❶　此處文字頗爲費解。細讀，從"舊"字之後的小字"堤下"至"六尺為"之後的小字"一工"，似乎是插入的一段解釋性文字，說明何謂"一工"。查《元史·河渠二》，有與此相關文字，抄錄以供參考："舊堤，南至窑務汴堤，通長二十里二百四十三步。創俺護城堤一道，長七千四百四十三步。下地俺堤，下廣十六步，上廣四步，高一丈，六十尺為一工。堤東二十步外取土。"

堤，通長二十里二百四十三步。朔脩護城堤一道，長七千四百四十三步。下地脩堤，東二十步外取土，內河溝七處，深淺高下闊狹不一，計工二十五萬三千六百八十，用夫八千四百五十三，除風雨妨工，三十日畢。內疏水河溝，南北闊二十步，水深五尺。河內脩堤，底闊二十四步，上廣八步，高一丈五尺，積十二萬尺，取土稍遠，四十尺為一工，計三萬工，用夫百人。每步用大樁二，計四十，各長一丈二尺，徑四寸。每步雜草千束，計二萬。每步簽樁四，計八十，各長八尺，徑三寸。水手二十，木匠二，大船二艘，梯鑝一副，繩索畢備。

七年七月，河決塔海莊東堤、蘇村及七里寺等處。本省平章站馬赤親率本路及都水監官併工脩築，於至治元年正月興工，脩堤岸四十六處，該役一百二十五萬六千四百九十四工，凡用夫二萬一千四百一十三人。

文宗至順元年六月，曹州濟陰縣言："魏家道口決，卒未易脩，先差補築磨子口、朱從馬頭西舊隄，工畢。"郝承務又言："魏家道口塼堝等村缺破隄堰，累下樁土，衝洗不存，若復閉築，緣缺隄周圍皆泥淖，人不可居，兼無取土之處。又沛郡安樂等保，去歲旱災缺食，難於差倩。其不經水害民人先已遍差，似難重役。如候秋涼水退，倩夫脩理，庶蘇民力。今衝破新舊隄七處，共計用夫六千三百四人，樁九百九十，葦箔一千三百二十，草一萬六千五束。六十尺為一工，度五十日可畢。"九月三日興工，新馬頭、孫家道口障水隄堰又壞，添差二千人，與武城、定陶二縣分築，又於本處朔築月堤一道，外有元料堝頭魏家道口外隄未築，候來春併工脩理。

順帝至正六年，河決。尚書李絅請躬祀郊廟，近正人，遠邪佞，以崇陽抑陰。不聽。九年冬，脫脫既復為丞相，慨然有志於事功，論及河決，即言于帝，請躬任其事，帝嘉納之。及命集群臣議廷中，而言人人殊，（難）〔唯〕都漕運使賈魯昌言（畢）〔必〕當治。先是，魯嘗為山東道奉使宣撫首領官，循行被水郡邑，具得修擇成策，後又為都水使者，奉旨詣河上相視，驗狀為圖，以二策進獻。一議修築北隄以制橫潰，其用工省。一議疏塞並舉，挽河使東行，以復故道，其功費甚大。及是，復以一策對，脫脫韙其發策，於是遣工部尚書成遵與大司農禿魯行視河，議其疏塞之方以聞。遵等自濟、濮、汴梁、大名行數千里，掘井以量地之高下，測岸以究水之淺深，博采輿論以講河之故道斷不可復。且曰："山東連歉，民不聊生，若聚二十萬衆於此地，恐他日之憂又有重於河患者。"時脫脫先入魯言，及聞遵等議，怒曰："汝謂民將反邪？"自辰至酉，論辯終莫能入。明日執政謂遵曰："修河之役，丞相意已定，且有人任其責，公勿多言，幸為兩可之議。"遵曰："腕可斷，議不可易。"遂出遵河間塩運使。議定，乃薦魯于帝，大稱旨。十一年四月，命魯為總治河防使。是月二十二日鳩工，七月疏鑿成，八月決水故河，九月舟楫通行，十一月水土工畢，諸埽諸堤成。河乃復故道，南匯于淮，又東入於海。帝遣貴臣報祭河伯，召魯還京師，論功超拜榮禄大夫、集賢太學士，其宣力諸臣遷賞有差。賜丞相脫脫世襲荅刺罕之號，特命翰林學士承旨歐陽玄製河平碑文以旌勞績。

玄既為河平之碑文，自以為司馬遷、班固記河渠溝洫，僅載治水之道，不言其方，使後世任斯事者無所考則，乃從魯訪問方略，及詢過客，質吏牘，作《至正河防記》，欲使來世罹河患者按而求之。其言曰：

治河一也，有疏、有濬、有塞，三者異焉。釃河之流因而導之謂之疏。去河之淤因而深之謂之濬。抑河之暴因而扼之謂之塞。疏濬之別有四：曰生地，曰故道，曰河身，曰減水河。生地有直有紆，因直而鑿之，可就故道。故道有高有卑，高者平之以趨卑，高卑相就，則高不壅，卑不瀦，慮夫壅生潰，瀦生堙也。河身者，水雖通行，身有廣狹。狹難受水，水（溢）〔益〕悍❶，故狹者以計闢之；廣難為岸，岸善崩，故廣者以計禦之。減水河者，水放曠則以制其狂，水隳突則以殺其怒。

治堤一也，有刱築、脩築、補築之名，有刺水隄，有截河堤，有護岸堤，有縷水隄，有石船堤。

治埽一也，有岸埽、水埽，有龍尾、攔頭、馬頭等埽，其為埽臺及推捲、牽制、薶掛之法，有用土、用石、用鐵、用草、用木、用杙、用絙之方。

塞河一也，有缺口，有豁口，有龍口。缺口者，已成川。豁者，舊常為水所豁，水退則口下於隄，水漲則溢出於口。龍口者，水之所會，自新河入故道之源也。

此外不能悉書，因其用工之次第，而就述於其下焉。

其濬故道，深廣不等，通長二百八十里百五十四步而強。功始自白茅，長百八十里。繼自黃陵岡至南北茅，闢生地十里。口初受，廣百八十步，深二丈有二尺，已下停廣百步，高下不等，相折深二丈及泉。曰停、曰折者，用古筭法，因此推彼知其勢之低昂，相準折而取勻停也。南白茅至劉莊村，接入故道十里，通折墾廣八十步，深九

❶ 溢　應作“益”。據《元史·河渠三》校勘記改。

尺。劉莊至專固百有二里二百八十步，通折停廣六十步，深五尺。專固至黃固，墾生地八里，面廣百步，底廣九十步，高下相折，深丈有五尺。黃固至哈只口，長五十一里八十步，相折停廣六十步❶，深五尺。乃濬凹里減水河，通長九十八里百五十四步。凹里村缺河口生地，長三里四十步，面廣六十步，底廣四十步，深一丈四尺。凹里生地以下舊河身至張瓚店，長八十二里五十四步，上三十六里，墾廣二十步，深五尺；中三十五里，墾廣二十八步，深五尺；下十里二百四十步，墾廣二十六步，深五尺。張瓚店至楊青村接入故道，墾生地十有三里六十步，面廣六十步，底廣四十步，深一丈四尺。

其塞專固缺口，脩堤三重，并補築凹里減水河南岸豁口，通長二十里三百十有七步。其刱築河口前第一重西堤，南北長三百三十步，面廣二十五步，底廣三十三步，樹置椿橛，實以土牛、草葦、雜稍相兼，高丈有三尺，堤前置龍尾大埽。言龍尾者，伐大樹連稍繫之堤旁，隨水上下，以破齧岸浪者也。築第二重正堤，并補兩端舊隄，通長十有一里三百步。缺口正堤長四里。兩堤相接舊堤，置椿堵閉河身，長百四十五步，用土牛、葦草、稍土相兼脩築，底廣三十步，脩高二丈。其岸上土工脩築者，長三里二百十有五步有奇，廣狹不等，通高一丈五尺。補築舊隄者，長七里三百步，表裏倍薄七步，增卑六尺，計高一丈。築第三重東後隄，并接脩舊隄，高廣不等，通長八

---

❶ 原文爲"相折停廣墾十步"，《元史·河渠三》作"相折停廣六十步"。據改。

里。補築凹里減水河南岸豁口四處，置椿木，草〔土〕相兼❶，長四十七步。

於是堤塞，黄陵全河，水中及岸上脩堤長三十六里百三十八步。其脩大堤剌水者二，長十有四里七十步。其西復作大隄剌水者一，長十有二里百三十步。内刜築岸上土堤。西北起李八宅西隄，東南至舊河岸，長十里百五十步，顛廣四步，趾廣三尺，高丈有五尺。仍築舊河岸至入水隄，長四百三十步，趾廣三十步，顛殺其六之一，接脩入水。

兩岸埽堤並行。作西埽者夏人水工，徵自靈武；作東埽者漢人水工，徵自近畿。其法以竹絡實以小石，每埽（下）〔不〕等，以蒲葦綿腰索徑寸許者從鋪，廣可一二十步，長可二三十步。又以曳埽索綯徑三寸或四寸、長二百餘尺者衡鋪之相間。復以竹葦麻枲大繂，長百尺者為管心索，就繫綿腰索之端於其上，以草數千束、多至萬餘勻布厚鋪於綿腰索之上，索而納之，丁夫數千，以足踏實，推捲稍高，即以水工二人立其上，而號於衆，衆聲力舉，用小大推梯，推捲成埽，高下長短不等，大者高二丈，小者不下丈餘。又用大索或五為腰索，轉致河濱，選健丁操管心索，順埽臺立踏，或掛之臺中鐵猫大橛之上，以漸縋之下水。埽後掘地為渠，陷管心索渠中，以散草厚覆，築之以土，其上復以土牛、雜草、小埽稍土，多寡厚薄，先後隨宜。脩疊為埽臺，務使牽制上下，縝密堅壯，互為犄角，埽不動搖。日力不足，（大）〔火〕以繼之❷。積累既

---

❶ "草"後脱一"土"字，據《元史·河渠三》改。

❷ 大以繼之　不通，應爲"火以繼之"。據《元史·河渠三》改。

畢，復施前法，捲埽以壓先下之埽，量水淺深，制埽厚薄，疊之多至四埽而止。兩埽之間置竹絡，高二丈或三丈，圍四丈五尺，實以小石、土牛。既滿，繫以竹纜，其兩旁並埽，密下大樁，就以竹絡上大竹腰索繫於樁上。東西兩埽及其中竹絡之上，以草土等物築為埽臺，約長五十步或百步，再下埽，即以竹索或麻索，長八百尺或五百尺者一二，雜厠其餘管心索之間，候埽入水之後，其餘管心索如前藺掛，隨以管心長索，遠置五七十步之外，或鐵猫，或大樁，曳而繫之，通管束累日所下之埽，再以草土等物通脩成隄。又以龍尾大埽密掛於護隄大樁，分析水勢。其隄長二百七十步，北廣四十二步，中廣五十五步，南廣四十二步，自顛至趾通高三丈八尺。

其截河大隄高廣不等，長十有九里百七十七步。其在黃陵北岸者，長十里四十一步。築岸上上隄，西北起東西故隄，東南至河口，長七里九十七步，顛廣六步，趾倍之而強二步，高丈有五尺，接脩入水。施土（字）〔牛〕❶ 小埽稍草雜土，多寡厚薄，隨宜脩疊，及下竹絡，安大樁，繫龍尾埽，如前兩隄法。唯脩疊埽臺，增用白闌小石。并埽上及前泲脩埽堤一，長百餘步，直抵龍口。稍北，攔頭三埽並行，埽大堤廣與刺水二堤不同，通前列四埽，間以竹絡，成一大堤，長二百八十步，北廣百一十步，其顛至水面高丈有五尺，水面至澤復高二丈五尺，通高三丈五尺；中流廣八十步，其顛至水面高丈有五尺，水面至澤復高五丈五尺，通高七丈。並肋築縷水橫堤一，東起北截河大堤，西抵西刺水大堤。又一堤東起中刺水大堤，西抵西

---

❶　土字　應爲"土牛"，據《元史·河渠三》改。

刺水大堤，通長二里四十二步，亦顛廣四步，趾三之，高
丈有二尺。脩黄陵南岸，長九里百六十步，内刜岸土隄，
東北起新補白茅故隄，西南至舊河口，高廣不等，長八里
二百五十步。

乃入水作石船大堤。盖由是秋八月二十九日乙巳道故
河流，先所脩北岸西中刺水及截河三隄猶短，約水尚少，
力未足恃。決河勢大，南北廣四百餘步，中流深三丈餘，
溢以秋漲，水多故河十之有八。兩河爭流，近故河口，水
刷岸北行，洄漩湍激，難以下埽。且埽行或遲，恐水盡湧
入決河，因淤故河，前功遂隳。魯乃精思障水入故河之
方，以九月七日癸丑，逆流排大船二十七艘，前後連以大
桅或長椿，用大麻索、竹絙絞縛，綴為方舟。又用大麻
索、竹絙用船身繳繞上下，令牢不可破，乃以鐵猫於上流
磓之水中。又以竹絙絕長七八百尺者，繫兩岸大橛上，每
絙或磓二舟或三舟，使不得下，船復略鋪散草，滿貯小
石，以合子板釘合之，復以埽密布合子板上，或二重，或
三重，以大麻索縛之急，腹橫木三道於頭桅，皆以索維
之，用竹編笆，夾以草石，立之桅前，約長丈餘，名曰水
簾桅。復以木楷柱，使簾不偃仆，然後選水工便健者，每
船各二人，執斧鑿，立船首尾，岸上槌鼓為號，鼓鳴，一
時齊鑿，湏臾舟穴，水入，舟沉，遏決河。水怒溢，故河
水暴增，即重樹水簾，令後復布小埽土牛白闌長稍，雜以
草上等物，隨宜填垜以繼之。石船下詣實地，出水基趾漸
高，復卷大埽以壓之。前船勢略定，尋用前法沉餘船以竟
後功。昏曉百刻，役夫分番甚勞，無少間斷。船隄之後，
草埽三道並舉，中置竹絡盛石，並埽置椿，繫纜四埽及
絡，一如脩北截水隄之法。第以中流水深數丈，用物之

多，施工之大，數倍他隁。船隁距北岸纔四五十步，勢迫東河，流峻若自天降，深淺叵測。於是先卷下大埽約高二丈者，或四或五，始出水面。脩至河口一二十步，用功尤難。薄龍口，喧豗猛疾，勢撼埽基，陷裂欹傾，俄遠故所，觀者股并，眾議騰沸，以為難合，然勢不容已。魯神色不動，機解捷出，進官吏工徒十餘萬人，日加獎諭，辭旨墾至，眾皆感激赴功。十一月十一日丁巳，龍口遂合，決河絕流，故道復通。又於隁前通卷攔頭埽各一道，多者或三或四，前埽出水，管心大索繫前埽硾後攔頭埽之後，後埽管心大索亦繫小埽硾前攔頭埽之前，後先羈縻，以錮其勢。又於所交索上及兩埽之間，壓以小石、白闌、土牛，草土相半，厚薄多寡，相勢措置。

埽隁之後，自南岸復脩一堤，抵已閉之龍口，長二百七十步。船堤四道成堤，用農家塲圃之具曰轆軸者，穴石立木如比櫛，蕹前埽之旁，每步置一轆軸，以橫木貫其後，又穴石，以徑二寸餘麻索貫之，繫橫木上，密掛龍尾大埽，使夏秋潦水，冬春凌薄，不得肆力於岸。此堤接北岸截河大堤，長二百七十步，南廣百二十步，顛至水面，高丈有七尺，水面至澤復高四丈二尺；中流廣八十步，顛至水面高丈有五尺，水面至澤復高五丈五尺；通高七丈。仍治南岸護堤埽一道，通長百三十步，南岸護岸馬頭埽三道，通長九十五步。脩築北岸堤防，高廣不等，通長二百五十四里七十一步。白茅河口至板城，補築舊堤，長二十五里二百八十五步。曹州板城至英賢村等處，高、廣不等，長一百三十三里二百步。稍岡至碭山縣，增培舊堤，長八十五里二十步。歸德府哈只口至徐州路三百餘里，脩完缺口一百七處，高廣不等，積脩計三里二百五十六步。

亦思刺店縷水月堤，高廣不等，長六里三十步。

其用物之凡，椿木大者二萬七千，榆柳雜稍六十六萬六千，帶稍連根株者三千六百，藁秸、蒲葦、雜草以束計者七百三十三萬五千有奇，竹竿六十二萬五千，葦蓆十有七萬二千，小石二十艘，繩索小大不等五萬七千，所沉大船百有二十，鐵纜三十有二，鐵猫三百三十有四，竹篾以斤計者十有五萬，硾石三千塊，鐵鑽萬四千二百有奇，大釘三萬三千二百三十有二。其餘若木龍、椿橛木、麥稭、扶椿、鐵叉、鐵弔、枝麻、搭火鈎、汲水、貯水等具皆有成數。官吏俸給，軍民衣糧工錢，醫藥、祭祀、賑恤、驛置馬乘及運竹木、沉船、渡船、下椿等工，鐵、石、竹、木、繩索等匠傭貲，兼以和買民地為河，併應用雜物等價，通計中統鈔百八十四萬五千六百三十六錠有奇。

魯嘗有言：“水工之功，視土工之功為難；中流之功視河濱之功為難；決河口視中流又難；北岸之功視南岸為難。用物之效，草雖至柔，柔能狎水，水漬之生泥，泥與草并，力重如碇。然維持夾輔，纜索之功實多。”蓋由魯習知河事，故其功之所就如此。

玄之言曰：“是役也，朝廷不惜重費，不吝高爵，為民辟害。脫脫能體上意，不憚焦勞，不恤浮議，為國拯民。魯能竭其心思，知計之巧，乘其精神膽氣之壯，不惜劬瘁，不畏議評，以報君相知人之明。宜悉書之，使職史氏者有所考證也。”

先是，歲庚寅，河南北童謠云：“石人一隻眼，挑動河天下反。”及魯治河，果於黃陵岡得石人一眼，而（如）〔汝〕、潁之妖冠乘時而起。議者往往以謂天下之亂，皆由賈魯治河之役勞民動衆之所致。殊不知元之所以亡者，實基於上下因循，狃於晏安之習，紀綱廢弛，風俗偷薄，其致亂之階，非一朝一夕之故，所由來久矣。不此之察，乃獨歸咎於是役，是徒以成敗論事，非通論也。設使賈魯不興是役，天下之亂詎無從而起乎？故今具録玄所記，庶來者得以詳焉。

卷 之 九

議河治河考（七）諸儒總論

呂祖謙曰：禹不惜數百里地，疏為九河以分其勢，善治水者不與水爭地也。

余闕曰：中原之地，平曠夷衍，無洞庭、彭蠡以為之匯，故河嘗橫潰為患，其勢非多為之委，以殺其流，未可以力勝也。故禹之治河，自（太）〔大〕伾而下則析為三渠，大陸而下則播為九河，然後其委多，河之大有所瀉，而其力有所分，而患可平也，此禹治河之道也。自周定王時河始南徙，訖於漢而禹之故道失矣。西京時受害特甚，雖以武帝之才，乘文、景富庶之業，而一瓠子之微終不能塞，付之無可奈何而後已。自瓠子再決，而其流為屯氏諸河，其後河入千乘，而德、棣之河又播為八，漢人指以為太史、馬頰者，是其委之多，河之大有所瀉而力有所分，大抵偶合於禹所治河者，由是而訖東都，至唐，河不為害者千數百年。至宋時河又南決，南渡時又東南以入于淮，以河之大且力，惟一淮以為之委，無以瀉而分之，故今之河患與武帝時無異。自宋南渡時至今（訖元）〔（謂元）〕❶，殆二百年，而河旋北，乃其勢然也。建議者以為當築堤起漕，南訖嘉祥，東西三百里以障河之北流，則漸

---

❶ "訖"為"謂"之誤。"謂元"是對"今"的解釋，故需將"謂元"用括弧括一下。據《大學衍義補》改。

可圖，以導之使南，廟堂從之，非以南為壑也。其慮以為河之北則會通之漕廢，予則以為河北而會通之漕不廢。何也？漕以汶而不以河也，河北則汶水必微，微則吾有制而相之，亦可以舟，可以漕，書所謂"浮于汶，達于河"者是也。蓋欲防鉅野而使河不妄行，俟河復千乘，然後相水之宜而脩治之。

宋濂《治河議》曰：比歲河決不治，上深憂之。既遣平章政事嵬名、御史中丞李、禮部尚書泰不花沉兩珪及白馬以祀，又置都水監專治河事，而續用未之著。乃下丞相會廷臣議，其言人人殊。濂則委以殺其流，未可以力勝也。何也？河源自吐蕃朵甘思西鄙方七八十里有泉百餘泓，若天之列宿然，曰火敦腦兒，譯言星宿海也。自海之西腦兒二澤又東流為赤賓河，而赤里出之水西合，忽闌之水南會也，里术之水復至自東南，於是其流漸大，曰脫可尼，譯云黃河也。河之東行、又岐為九派也，孫幹倫譯云九渡也，水尚清淺可涉。又東約行五百里，始寖渾濁，而其流益大。朵甘思東北鄙有大山，四時皆積雪，曰亦耳麻莫不剌，又曰騰乞里塔，譯云崑崙也。自九渡東行可三千里，崑崙之南，又東流過闊即提二地，至哈剌別里赤與納鄰哈剌河合，又合乞兒馬出二水，乃折流轉西，至崑崙北。既復折而東北流，至貴德州，其地名必赤里。自崑崙至此不啻三千里之遠。又約行三百里至積石，從積石上距星宿海蓋六千七百有餘里矣。其來也既遠，其注也必怒，故神禹導河自積石，歷龍門，南到華陰，東下底柱，及孟津、洛汭，至於大伾，而下釃為二渠，北載之高地，過降水至於大陸，播為九河，趨碣石入于渤海。然自禹之後，無水患者七百七十餘年，此無他，河之流分，而其勢自平也。

周定王時河徙砥礫，始改其故道，九河之迹漸致湮塞。至漢文時，決酸棗，東潰金堤，孝武時決瓠子，東南注鉅野，通于淮、泗，汎郡十六，害及梁、楚，此無他，河之流不分而勢其益橫也。逮乎宣房之築，道河北，行二渠，復禹故迹，其後又為疏屯氏諸河。河與入于千乘間德棣之河，復播為八，而八十年又無水患矣。及成帝時，屯氏河塞，又決於館陶及東郡金堤，泛濫兖、豫，入平原、千乘、濟南，凡灌四郡三十二縣。

由是而觀，則河之分不分而其利害昭然，又可覩已。

自漢至唐，平決不常，難以悉議。至（於于）宋時❶，河又南決。南渡之後，遂由平城合汴、泗東南以入淮，而向之故道又失矣。夫以數千里湍悍難治之河，而欲使一淮以疏其怒，勢萬萬無此理也。方今河破金堤，輸曹、鄆，地幾千里，悉為巨浸，民生墊溺，比古為尤甚。莫若浚入舊淮河，使其水流復于故道，然後道入新濟河，分其半水使之北流，以殺其力，則河之患可平矣。譬猶百人為一隊，則力全，莫敢與爭鋒。若以百分而為十，則頓損，又以十各分為一，則全屈矣。治河之要，孰踰此。然而開闢之初，洪水泛濫於天下，禹出而治之，始由地中行耳。蓋財成天地之化，必資人工而後就，或者不知，遂以河決歸于天事，未易以人力強塞，此迂儒之曲說，最能僨事者也。濂竊憤之，因備著河源以見河勢之深且遠，不分其流不可治者如此。倘有以聞於上，則河之患庶幾其有瘳乎！雖然，此非濂一人之言也，天下之公言也。

---

❶ 原文"至"後的"於于"二字，衍，故删之。

　　丘公《大學衍義補》曰：抑通論之，周以前河之勢自西而東而北，漢以後河之勢自西而北而東，宋以後迄于今則自西而東而又之南矣。河之所至，害以隨之，卹民患者烏可不隨其所在而除之哉？禮曰四瀆視諸侯，謂之瀆者，獨也，以其獨入于海，故江、河、淮、濟皆名以瀆焉。今以一淮而受大黃河之全，蓋合二瀆而為一也。自宋以前河自入海，尚能為並河州郡之害，況今（淮河）〔河淮〕合一❶，而清口又合沁、泗、沂三水，以同歸於淮也哉！

　　曩時河水猶有所瀦，如鉅野、梁山等處；猶有所分，如屯氏、赤河之數，雖以元人排河入淮，而東北入海之道猶微有存焉者。今則以一淮而受眾水之歸，而無涓滴之滲漏矣。

　　且我朝建國幽燕，漕東南之粟以實京師，必由博、濟之境，則河決不可使之東行。一決而東，則漕渠乾涸，歲運不繼，其害非獨在民生，且移之國計矣。今日河南之境，自滎陽、原武，由西迄東，歷睢陽、亳、（潁）〔潁〕以迄於濠、淮之境，民之受害而不聊生也甚矣。坐視而不顧與，則河患日大，民生日困，失今不理，則日甚一日，或至於生他變。設欲興工動眾，疏塞並舉，則又恐費用不貲，功未必成而坐成困斃。然則為今之計奈何？

　　孟子曰："禹之治水，水之道也。"又曰："禹之治水也，行其所無事也。"古今治水者，要當以大禹為法，禹之導河，既分一為九，以分殺其洶湧之勢，復合九為一以迎合其奔放之衝，萬世治水之法，此其準則也。後世言治河者莫備於賈讓之三策，然歷代所用者不出其下策，而於

_____

❶　根據文義，應爲"河淮合一"。

上、中二策蓋罕用焉。往往違水之性，逆水之勢，而與水爭利。其欲行也，強而塞之，其欲止也，強而通之，惜微眇之費而忘其所損之大，護（巳）〔已〕成之業而興夫難就之功，捐民力於無用，糜民財於不貲，苟顧目前，遑恤其後，非徒無利，而反有以致其害，因之以召禍亂，亦或有之。顧又不如聽其自然而不治之為愈也。

臣愚以為，今日河勢與前代不同，前代只是治河，今則兼治淮矣，前代只是欲除其害，今則兼資其用矣。況今河流所經之處，根本之所在，財賦之所出，聲名文物之所會，所謂中國之脊者也。有非偏方僻邑所可比，烏可置之度外而不預有以講究其利害哉？臣願明詔有司，博求能浚川疏河者，徵赴公車，使各陳所見，詳加考驗預見，計定必湏十全，然後用之。夫計策雖出於衆，而剛斷則在於獨。擇之審、言之篤而用之專，然後能成功耳。不然，作舍道傍，甲是乙非，又豈能有所成就哉？

臣觀宋儒朱熹有曰："禹之治水，只是從低處下手，下面之水盡殺，則上面之水漸淺。"臣因朱氏之言而求大禹之故，深信賈讓上中二策，以為可行。蓋今日河流所以泛溢，以為河南漸没無窮之害者，良以兩瀆之水既合為一，衆山之水又併以歸，加以連年霖潦，歲歲增益，去冬之沮洳未乾，嗣歲之潢潦繼至，疏之則無所於歸，塞之則未易防遏，遂使平原匯為巨寖，桑麻菽粟之塲變為波浪魚鼈之區，可嘆也（巳）〔已〕。伊欲得上流之消洩，必先使下流之疏通。國家誠能不惜棄地，不惜動民，舍小以成其大，棄少以就夫多，權度其得失之孰急，乘除其利害之孰甚，毅然必行，不惑浮議，擇任心膂之臣，委以便宜之權，俾其沿河流相地勢，於其下流迤東之地擇其便利之所，就其汙下之處條為數河，以分水勢，又於所條支河之旁地堪種稻之處，依江南法創為圩田，多作水門，引水以資灌溉，河既分疏之後，水勢自然消減，然後從下流而上，於河身之中去其淤沙，或推而盪滌之，或挑而開通之，使河身益深，足以容水，如是則中有所受，不至於溢出，而河之波不及於陸；下有所納，不至於束隘，而河之委易達於海，如是而又委任得人，規置有法，積以歲月，因時制宜，隨見長智，則害日除而利日興，河南淮右之民庶其有瘳乎。

或曰："若行此策，是無故捐數百里膏腴之地，其間破民廬舍、壞民田囿、發人墳墓不止一處，其如人怨何？"嗚呼！天子以天下為家，一視同仁，在此猶在彼也，普天之下，何者而非王土？顧其利害之乘除孰多孰寡爾？為萬世計不顧一時；為天下計不徇一方；為萬民計不恤一人。賈讓有言："瀕河十郡，治隄歲費萬萬，及其大決，所殘無數。如出數年治河之費，足以業其所徙之民。大漢方制萬里，豈與河爭呎尺之利哉？"臣亦以謂開封以南至於鳳陽，每歲河水潳没中原膏腴之田何止數十萬頃？今縱於迤東之地開為數河，所費近海斥鹵之地多不過數萬頃而已，兩相比論，果孰多孰少哉？請於所開之河偶值民居，則官給以地而償其室廬，偶損民業，則官倍其償而免其租稅，或與之價直，或助之工作，或徙之寬閑之鄉，或撥與新墾之田，民知上之所以勞動乎我者非為私也，亦何怨之有哉？矧今鳳陽帝鄉，園陵所在，其所關係尤大，伏惟聖明留意萬一，臣言可采，或見之施行，不勝幸甚。

又曰：天下之為民害者，非特一水也，水之在天下，非特一河也。流者若江海之類，瀦者若湖陂之屬，或徙或決，或溢或潰，堤岸以之而崩，泉源以之而涸，沙土由是而淤，畛域由是而決，以蕩民居，以壞民田，皆能以為民害也。然多在邊徼之壖、寬閑之野、曠僻之處，利害相半，或因害而得利，或此害而彼利，其所損有限，其所災有時，地勢有時而復，人力易得而修，非若河之為河，亘中原之地，其所經行皆是富庶之鄉，其所衝決皆是膏腴之產，其為民害比諸其他尤大且久。故特以民之害歸焉。使凡有志於安民生、興民利者，知其害之有在，隨諸所在而除之，而視河以為準焉。

國朝《大明會典》：黃河發源，載于《元史》，其流至河南，散漫泛溢，至山東，峻急衝決。河防之法，歷代有之。

正統十三年，河溢滎陽縣，自開封府城北，經曹、濮州、陽穀縣以入運河，至兗州府沙灣之東大洪之口而決，諸水從之入海。景泰四年命官塞之，乃更作九堰、八閘以制水勢。復於開封金龍口、筒瓦廂等處開渠二十里，引河水東北入運河。

弘治二年，復決金龍口東北，至張秋鎮入運河，而紅荊口并陳留、通許二縣水俱淤淺，復阻糧道，命官塞之。五年復決，命內臣及文武官往治，又決張秋，運河水盡入海，發丁夫數萬，於黃陵岡南浚賈魯河一帶，分殺水勢，下由梁進口至丁家道口，會黃河出徐州，流入運河。又從黃河南浚孫家渡口，別開新河一道，導水南行，由中牟至（穎）〔潁〕川東入于淮。又浚四府營淤河，由陳留縣至歸德州，分為二派，一由宿遷縣小河口，一由亳縣渦河，會于淮。又從黃陵岡至楊家口築壩堰十餘，并築大名府三尖口等處長堤二百餘里，及修南岸于家店、筒瓦廂等處堤一

百六十里，始塞張秋，更名曰"安平鎮"。又於河東置減
水石壩，下分五洞以洩水勢。遇有淤塞損壞，管河官隨時
脩治。

欽差巡撫河南地方、都察院右副都御史吳　上疏言：

據布、按二司議得，夏邑縣白河一帶，故道淤塞，下
流衝漫，見今城外已為受水之壑，漸成巨浸，若不急為濬
治，恐五六月之間河水勢湧，其浸沒之患有不可勝言者
矣。但召募之夫一時農忙，卒難齊集。隨查管河道簿，開
開封等七府所屬州縣并汝州原派河夫三萬六千三百六十五
名，正為脩河而設，相應起調濬築。除彰德、衛輝、懷慶
三府隔河，連年災重，河南府汝州窵遠，俱免取用外，開
封府所屬除祥符縣衝要，封丘、延津、陽武、原武四縣凋
敝，量准起調一半，其餘許州等州、陳留等縣與汝寧府所
屬州縣并南陽府所屬裕州、舞陽、南陽、葉縣相離夏邑不
遠，查原派河夫盡數取用，共二萬八十五名，委官管領，
各照原議深闊里數，立限二箇月工完。彰德等三府并南陽
府所屬未起河夫州縣，行令管河道查照舊規，追取曠役銀
兩，收貯聽用等因，備呈到臣。據此查得，嘉靖六年間黃
河北徙小浮橋，旁枝湮塞，自曹、單、成武等縣楊家口、
梁靖口、吳士舉等處奔潰四出，茫無津畔，徑趨沛縣漕
河，橫流昭陽湖東。而水半泥沙，勢緩則停，遇坎則滯，
致淤運道三十餘里，阻滯糧運。該言官建白。勑命都御史
盛調集山東、河南、河北、直隸四省丁夫開挑趙皮寨支
河，以殺上流水勢，以保運道。自蘭陽縣東北舊河身挑
起，經由儀封、杞縣、睢州、寧陵縣、歸德州，直抵夏邑
縣城南白河一帶，二月工完，巨細分流，運道無阻。但白
河下流舊有胡家橋一座，居民經行，彼時河水通流，前橋

未拆，至嘉靖十年八月內，有重載客船二隻順流而下，水勢洶湧，撐挽不及，撞沉橋下，以致河口壅塞，洪水四散，橫流將夏邑等縣居民田廬渰沒。

嘉靖十一年正月十五日，臣入境撫臨該縣，據軍民崔鑑等連名告稱，"縣南白河淤塞，上自歸德州地名文家集起，至永城縣止，本縣田廬渰沒六十餘里，寬二十餘里，縣治週圍俱被水占，柴米價貴，民心驚惶，恐今歲夏秋水發，城池難保。乞調河夫，坐委官員，將胡家橋拆毀，濬通河身，仍脩禦水大堤，使水行地中，民得安業"等情。已行委開封府推官張瓘前去踏勘，覆批守巡各道會議，議稱："白河原係黃河故道，先經挑濬，船筏通行。"嘉靖十年八月內黃河逆流，日漸淤塞，上自何家營，下至胡家橋，計四十餘里，河身已成平地，橋口不復流水，散漫橫流，渰沒民田。委與軍民崔鑑等所告、推官張瓘所呈相同。估議調募丁夫三萬名，委官管領，分工挑濬，勒限三箇月工完等因。臣尤恐不的，又委開封府知府顧鐸親詣踏勘。呈稱，"原義夫數，自胡家橋起工至何家營止，共計六百工，每工五十尺，每尺夫一名，共該夫三萬名，刻限三箇月。今查得歸德等州縣各先到夫役每一名分一尺，自二月二十五日上工至三月初四日，僅十日，即完一半，大約二十日可完一工，議止用夫二萬名，兩月工完"等因。該臣看得，前項事體重大，又經批行布、按二司掌印官會議去後，今據前因，臣會同巡按河南監察御史王儀看得，嘉靖六年間黃河衝決，致傷沛縣漕渠，乃開濬趙皮寨、白河一帶，所以分殺水勢，以保護運道，以奠安民居。迄今纔及五年，下流淤塞，洪水奔潰，四散彌漫，渰沒田廬，週圍六十餘里，害及夏邑、虞、永等縣。蓋彼時雖曾委官疏濬，率多苟簡，中有橋梁不行撤去，河口窄狹弗能容納，一遇阻礙，遂爾橫流，致有今日之患。若不早為計處，誠恐伏水盛發，泛溢尤甚，近而夏邑等縣將為魚鼈之區，遠而衆水併流，全河獨下，萬一衝決，其害又有不可勝言者。譬之拯溺救焚，不可時刻遲緩。事干民瘼國計，除臣等嚴督布、按二司并守、巡、管河等官調集丁夫，委官管領，前去分工挑濬外，緣係地方水患事理，謹具題知。

嘉靖十一年三月二十五日，欽差總理河道、都察院右僉都御史戴　上疏為備陳黃河事宜、以寬聖慮事。

臣歷魚臺縣按視新堤工程及黃河水勢，適新水泛漫，兩涯無土，工力難施，乃捨舟陸行，由金鄉縣歷曹、武，入河南界，開挑梁靖口通賈魯舊河，闢趙皮寨，越汴梁，抵孫家渡，隨處分派丁夫，督以官屬，蓋欲疏濬上流，分殺水勢，徐為下流築塞之計。乃放舟黃河中流，遍觀大名等府舊嘗決處，返棹曹、單，循魚臺，出沙河驛，泊雞鳴臺，往來魚、沛間，督築新堤決口。時已六月盡間矣。

臣竊伏自念，頃者黃河變遷，運道阻患，陛下日夕憂勤，乃用言官議，不以臣愚不肖，謬承其任，臣圖報無方，不敢愛死，雖溽暑馳驅，豈敢辭勞？即令各處工程雖未報功，而始終本末已得梗槩，用敢預先上陳，庶幾少寬陛下宵旰之憂，亦臣區區犬馬之微誠也。

臣初受任時，訪求士大夫及道途來往，皆以魚臺水勢洶洶，似不可為，乃今觀之，殊有未然。夫天下之事可以遙斷者，理；而不可遙定者，形，故耳聞不如目見，意料不如身親。今議者欲尋故道而不知故道之未可盡復，欲除近患而不知近患之未可遽去。臣請終言其說。

　　夫黄河遷徙，自古不常，今北自天津，南至豐、沛，無尺寸地無黄河故道，其在當時，無不受其害者。古今言治河者俱無上策，唯漢賈讓言不與河争尺寸之地，先儒韙之，以為至論。今必求河之故道，則《禹貢》時九河乃在河間、滄、定間。隋引河水入汴，南達江淮，又引河鑿渠，北通（派）〔涿〕郡。今涿水路絶，惟淮流如故，然已非向者之舊。漢唐皆都關中，不借河水之用。宋以都汴，切近河災，其防河與防北冠彌費若等，然自始迄終，河患莫絶。我朝定鼎燕都，一切漕運取給東南，自淮達徐，皆藉河水之力。往年河入豐、沛，沽頭上下諸閘皆廢，而舟楫返利。今年天旱不雨，運道幾涸，濟寧以南若無魚臺之水，則漕舟非旬月可至，此河水不可無之明驗也。臣到河南，見河東北岸比西南低下不啻四五尺，若引而決之，由東平張秋入海，為力甚易，魚臺之水涸可立待。然中梗運道，東、兗以下必皆阻塞。故國家立法，盡三省之力，自開封府筒瓦廂以至考城縣流通集等處，防守東北岸如防盜賊，意固有在，然猶未也。又必如議者之説，地道變遷，九河可復，由鄭、衛、滄、景以至天津入海，庶幾河患永絶。然恐徐、淮以下一帶皆涸，尤不可之大者也。昔者禹治九河，不過達海而止，古今以行所無事稱之。今欲治河之患，而又欲借以濟吾用，使禹復治，必不用往日之法矣。臣所謂故道之不可盡復者此也。河水所至，必為民患。今不暇遠舉，且如弘治年間河溢曹、單，淹没一二十年，至正德年間河徙豐、沛，而後曹、單之患息。又一二十年，至前年夏秋復徙魚臺，而後豐、沛之患息。今飛雲橋路絶，高過平地，又純是淤沙，人力難施，決無復通之理，縱使復通，不過移魚臺之患於豐、沛，是一患未除而一患復生也。夫河水驟至，名曰天災，人猶嗷嗷，今豐、沛之民方且息肩，又欲引水而灌注之，民其謂何？昔宋神宗時河決澶、景，司馬光議棄北流而治東流，以俟二三年河流深廣，然後徐議。神宗曰："東、北流之患孰為重輕？"光曰："兩地皆吾赤子，然北流已殘破，而東流尚完。"議者以神宗所問有君人之度，而司馬光所見得權時之宜。援古酌今，何以異此。臣所謂近患之未可遽去者此也。

臣歷考河志，洪武元年河決舊曹州，自雙河口入魚臺縣，太祖高皇帝用兵梁、晉間，使大將軍徐達開塌場口入于泗，以通運道，後因河口壅淤，乃脩師家莊、石佛諸閘，又開濟寧州西耐牢坡接引曹、鄆黃河水以通梁、晉之粟。永樂九年，太宗文皇帝復命刑部侍郎金純看視河勢，發河南運木丁夫開濬故道，自開封引水復入魚臺塌場口，出穀亭北十里，以脩太祖時故事，今所謂永通、廣運二閘是也。

由此言之，則魚臺乃河之故道，議者偶未之考耳。為今之計，欲治魚臺之患，必先治魚臺所以致患之本，欲治魚臺致患之本，必委魚臺以為受水之地。蓋河之東北岸與運道為鄰，惟有西南流，一由孫家渡出壽州，一由渦河出懷遠，一由趙皮寨出桃源，一由梁靖口出徐州小浮橋。往年四道俱塞而以全河南奔，故豐、沛、曹、單、魚臺以次受害。今不治其本而欲急除魚臺之患，臣恐魚臺之患不在豐、沛，必在曹、單間矣。然臣所以欲暫委魚臺而不治者，其說有三，其策亦有三。夫治（木）〔末〕者先正其本，濬流者先導其源，上源既分，則下流自殺，其說一也。臣初到魚臺，夏麥已收，新水適至，被水之鄉已為棄地，縱欲耕種，須待明年，今雖不治，民不大病，其説二也。河流既久，將自成渠，因而導之，當易為力，既免勞費無益之憂，且無東奔西突之患，其説三也。

五月二十二日，臣已將梁靖口開通賈魯河，六月初五日又將趙皮寨加闊深廣，但魚臺之功未完，以此未敢具奏。惟孫家渡雖已挑通，而行水尚少，方議開濬渦河一道，議者以中經祖陵，未敢輕舉。今山陝巨商往來汴梁者，皆由小浮橋直泝梁靖口。趙皮寨河口舊止五十餘步，今已闊一里許，下流不能容，乃至漫入夏邑，此二河皆上年所未有之事，大約河勢已殺十之三四，然魚臺之水所以未即消者，以前人議築新堤，橫亙其東，無所於洩故也。臣初到時即已病之，今議於新隄開設水門數處，使入昭陽湖及盛應期所挑新河，出金溝、留城、境山，庶幾西岸之水可以少平。然一時木石俱難卒辦，聊以椿葦權宜應變而已。候秋水稍落之後，另議興工。魚臺之水雖多，然皆泛漫，實未成河，其趙皮寨與開封府筒瓦廂、大名府杜勝集等處相對，梁靖口與曹州娘娘廟、考城縣流通集等處相對，臣已預戒官夫重加捲埽，乘此魚臺之水下壅之時，逼之使西南流，一策也。二河既通，孫家渡冬月可完，雖渦河一道方在別議，然以其一出魚臺，四道並行，其勢已弱，則所來之水反足以濟吾運道之不足。如往年河出豐、沛沽頭上下諸閘，不事啓閉而舟楫通利，一策也。萬一溢出穀亭以北，則候其河流漸深，河渠漸廣，因而通塌塲口故道。今永通、廣運二閘俱存，閘夫編設如故，嘉靖六、七年間曾因大水，糧運皆由此行，比與濟寧諸閘近便甚多，此可以復國初之舊，又何患焉，一策也。夫有前三説，并此三策，故臣斷然以賈讓、司馬光之言為可行。

　　然臣私憂過計，黃河變遷，自古不常，以臣之愚，豈能逆料，於三策之中俱審觀事勢，為今之計，不過如此。萬一此後果如愚慮，出臣前策，則河有西南之漸，永無運道之虞，固其上也。出臣後策，則借此河水之力，足資運道之利，亦其次也。臣材識迂踈，不逮前人，而又承此久殘極弊之餘，東馳西驅，奔救未及，伏望陛下鑒臣愚慮，察臣愚忠，不棄芻言，不惑流議，特與密勿大臣糸議可否，使臣得以一意從事，庶幾少畢犬馬之力，以報陛下知遇之恩，尤望陛下少寬南顧之憂，以享和平之福。臣不勝惓惓，願望候命之至。

　　嘉靖十一年　月。

卷 之 十

理河職官考

有虞氏。舜曰："咨四岳，有能奮庸，熙帝之載，使宅百揆，亮采惠疇？"僉曰："伯禹作司空。"帝曰："俞。"咨禹："汝平水土，惟時懋哉！"禹拜稽首，讓于稷、契暨皋陶。帝曰："俞！汝往哉！"帝曰："來禹降水儆予，成允成功，惟汝賢。"

初，秦漢有都水長丞，主陂塘、灌溉，保守河渠，自太常、少府及三輔，皆有其官。

漢武帝以都水官多，乃置左右使（都）〔者〕❶以領之。至漢哀帝，省使者官。至東京，凡都水皆罷之，併（罷）〔置〕❷河堤謁者。漢成帝河平元年春，杜欽薦王延世為河堤使者，三十六日堤成，賜延世爵關內侯。哀帝初，平當為鉅鹿太守，以經明《禹貢》，使行河，為騎都尉，領河堤。

晉武帝省水衡，置都水臺，有使者一人，掌舟航及運部，而河堤〔謁者〕為都水官屬。江左省河堤〔謁者〕❸。

---

❶ 左右使都 誤。《册府元龜》卷六二〇作"左右使者"，據改。

❷ 罷 誤，應爲"置"，《晉書》卷二四有"漢東京省都水，置河堤謁者"。據改。

❸ 《晉書》卷二十四："以河隄謁者爲都水官屬。及江左，省河隄謁者，置謁者六人"。據改。

110

梁改都水使者爲大舟卿，位視中書郎，卿之最末者，主舟航河堤。

陳因之。

後魏初皆有水衡都尉及河堤謁者、都水使者官。

隋煬帝河渠署置令、丞各一人，唐因之。

唐玄宗開元十六年，以宇文融充九河使。

晉天福二年九月，判詳定院梁文矩奏："以前汴州陽武縣主簿左墀進策十七條，可行者四，其一請於黃河夾岸仍防秋水暴漲，差上戶充堤長，一年一替，委本縣令十（目）〔日〕❶一巡。如怯弱處不早處，官旋令脩補。致臨時偷決，有害秋苗，既失王租，俱爲墮事，堤長處死，縣令勒停。"勑曰："脩葺河岸，深護田農，每歲差堤長檢巡，深爲濟要，逐旬遣縣令看行，稍恐煩勞。堤長可差，縣令宜止。"四月，詔曰："近年以來，大河頻決，漂盪人戶，妨廢農桑，言念蒸黎，因茲凋弊。凡居牧〔守〕❷皆委山河，既在封巡，所宜專功。起今後宜令沿河廣晉開封府尹、逐處觀察防禦使、刺史等並兼河隄使名額，任便差選職員，分擘勾當，有堤堰薄怯、水勢衝注處，預先計度，不得臨時失於防護。"

周顯德二年三月壬午，李穀治河堤回見。先是，河水自楊劉北至博州界一百二十里，連歲潰東岸，而爲派者十有二焉。復匯爲大澤，漫漫數百里。又東北壞古堤而出注齊、棣、淄、青，至于海涘，壞民廬舍，占民良田，殆不可勝計，流民但收野稗，捕魚而食。朝廷連年命使視之，

❶ "目"爲"日"之誤。據《册府元龜》卷四九七改。
❷ "牧"後脫"守"。據文義及《全唐文》卷二五改。

無敢議其功者。帝嗟東民之病，故命輔相親督其事，凡役徒六萬，三十日而罷。

宋太祖乾德五年正月，詔開封、大名府、鄆、澶、滑、孟、濮、齊、淄、滄、棣、濱、德、博、懷、衞、鄭等州長吏並兼本州河隄使，蓋以謹力役而重水患也。開寶五年三月，詔曰："朕每念河渠潰決，頗為民患，故署使職以總領焉。宜委官聯佐治其事。目今開封等十七州府各置河堤判官一員，以本州通判充，如通判闕員，即以本州官充。五月，河大決濮陽，又決陽武，詔發諸州兵及丁夫凡五萬人，遣（潁）〔穎〕州團練使曹翰護其役。"

太宗太平興國二年秋七月，河決。遣左衞大將軍李崇矩騎置自陝西至滄、棣，案行水勢。三年正月命使十七人分治黃河堤以備水患。滑州靈河縣河塞決，上命西閣門使郭守文率卒塞之。七年，河大漲，詔殿前承旨劉吉馳往固之。八年，時多陰雨，河久未塞，帝憂之。遣樞密直學士張齊賢乘傳詣白馬津，用太牢加璧以祭。十二月滑州言決河塞，群臣稱賀。九年春，滑州復言房村河決，乃發卒五萬，以侍衞步軍都指揮使田重進領其役。又命翰林學士宋白祭白馬津，沈以太牢加璧，未幾役成。淳化二年三月，詔："長吏以下及巡河主埽使臣，經度行視河堤，勿致壞隳，違者當寘于法。"五年正月，帝命昭宣使羅州刺史杜彥鈞率兵夫鑿河開渠。

真宗咸平三年，詔："緣河官吏，雖秩滿，湏水落受代。知州通判兩月一巡隄，縣令、佐迭巡隄防，轉運使勿委以他職。"又申嚴盜伐河上榆柳之禁。

仁宗天聖五年，塞決河，轉運使五日一奏河事。至和二年，以知澶州事李璋為總管，運事使周沆權同知澶州，內侍都知鄧保吉為鈐轄，殿中丞李仲昌提舉河渠，內殿承制張懷恩為都監。而保吉不行，以內侍押班王從善代之。以龍圖閣直學士施昌言總領其事，提點開封府界縣鎮事蔡挺、勾當河渠事楊緯同脩河決。嘉祐元年宦者劉恢奏：「六塔之役，水死者數千萬人，穿土干禁忌，且河口乃趙征村，于國姓、御名有嫌，而大興鍤厲，非便。」詔御史吳中復、內侍鄧守恭置獄于澶，劾仲昌等違詔旨，不俟秋冬塞北流，而擅進約，以致決潰。懷恩、仲昌乃坐取河材為器，懷恩流潭州，仲昌流英州，施昌言、李章以下再謫，蔡挺奪官勒停。仲昌，垂子也。熙寧元年十一月，詔翰林學士司馬光入內侍省，副都知張茂則乘傳相度四州生堤，回日兼視六塔、二股利害。六年四月，始置疏濬黃河司，差范子淵都大提舉，李公義為之屬。許不拘常制，舉使臣等，人船、木鐵、工匠，皆取之諸埽，官吏奉給，視都水司、監丞司，行移與監司敵體。

哲宗元祐元年九月，詔祕書監張問相度河北水事，十月，又以王令圖領都水同問行河。四年，復置脩河司。五年，罷脩河司及檢舉。七年四月，詔：「南北外兩丞司管下河埽，今後令河北、京西轉運使、副、判官、府界提點分認界至，內河北仍於銜內帶『兼管南北外都水公事』。」元符三年，以張商英為龍圖閣待制、河北都轉運使兼專功提舉河事。七月，詔：「商英毋治河，止釐本職。」其因河事差辟官吏并罷，復置北外都水丞司。政和五年，置提舉脩繫永橋所，以開河官吏令提舉所具功力等第聞奏。都水孟昌齡遷工部侍郎。十月，中書省言：冀州知州辛昌宗，武臣，不諳河事，詔以王仲元代之。十一月乙亥，臣僚言："願申飭有司，以（月）〔日〕繼月，〔視〕水向著❶，隨為堤防，益加增固，每遇漲水，水官、漕臣不輟巡視。"詔付昌齡。七年六月，都水使者孟楊言："（裕）〔欲〕❷措置開脩北河，如舊脩繫南北兩橋。"九月丁未詔：楊專一措置，而令河陽守臣王序營辦錢糧，督其工料。重和元年秋，雨，廣武埽危急，詔內侍王仍相度措置。宣和四年四月壬子，都水使者孟楊言："奉詔脩繫三山東橋，凡役工十五萬七千八百，今累經漲水無虞。"詔："因橋壞失職降秩者俱復之。"楊自正議大夫轉正奉大夫。

欽宗靖康元年二月乙卯，御史中丞許翰言："保和殿大學士孟昌齡、延康殿學士孟楊、龍圖閣直學士孟揆父子相繼領職二十年，過惡山積。妄設堤防之功，多張稍樁之數，窮竭民力，聚歛金帛，交結權要，內侍王仍為之奧主，超付名位，不知紀極。大河浮橋，歲一造舟，京西之民猶憚其役。而昌齡首建三山之策，扼大河之勢，頓取百年浮橋之費，僅為數歲行路之觀。漂没生靈無慮萬計，近輔郡縣蕭然破殘。所辟官吏，計金敘績，富商大賈，爭注名牒，身不在公，遥分爵賞。每興一役，乾没無數，省部御史莫能鉤考。陛下方將澄清朝著，建立事功，不先誅竄昌齡父子，無以詔示天下。望籍其姦贓以正典刑。"詔並落職，昌齡在外宮觀，楊依舊權領都水監職事❸，揆候措置橋船畢取旨。翰復請鉤考簿書，發其姦贓。乃詔："昌

---

❶ "水"前脱"視"字。據《宋史·河渠三》補。

❷ "裕"爲"欲"之誤，據《宋史·河渠三》改。

❸ 原文"楊"後有"揆"。下文又講到對孟揆的處分，故"揆"爲衍文。《宋史·河渠三》亦無此字。删。

齡與中大夫，楊、揆與中奉大夫"。初宋都水監判監事一
人，以員外郎以上充，同判監一人，以朝官以上充，丞二
人，主簿一人，並以京朝官充，掌內外河渠堤堰之事，輪
遣丞一人出外治河埽之事，或一歲、再歲而罷。其間有諳
知水政或至三年者，置局于澶州，號曰外監寺司，押司官
一人。元豐八年，詔："提舉汴河堤岸司隸本監。"先是導
洛入汴，專置堤岸司，至是歸之都水司。元祐時詔南北外
都水丞並以三年為任，七年方議囘河流，乃詔河北、京西
漕臣及開封府界提點各兼南北外都水事。宣和三年，詔罷
南北外都水丞司，依元豐法通差文武官一員。四年，臣僚
言："都水監因恩州脩河，舉辟文武官至百二十餘員，授
牒家居不省所領何事，皆乘傳給券，第功希賞。"詔除正
官十一員外，餘並罷。所隸有東（京）〔西〕❶四排岸司監
官，各以京朝官、閤門、祗候以上及三班使臣充，掌水運
綱船輪納雇直之事。汴河上、下鎖，蔡河上、下鎖，各監
官一人，以三班使臣充，掌筭舟船木筏之事。天下堰總三
十一❷，監官各一人，渡總六十五，監官各一人，皆以京
朝官、三班使臣充。亦有以本處監當兼掌者。

　　元世祖至元九年七月，衛輝河決。委都水監丞馬良弼
與本路官同詣相視，脩完之。

　　成宗大德二年秋七月，河決，漂歸德。遣尚書那懷、
御史劉賡等塞之。

　　武宗至大三年十一月，河北河南道廉訪司言："於汴
梁置都水分監，妙選廉幹、深知水利之人，專職其任，量

---

❶　京　誤，應爲"西"，據《文獻通考》卷五十七改。
❷　總三十一　《文獻通考》卷五十七作"總二十一"。

存員數，頻為巡視，職掌既專，則事功可立。"於是省令都水監議："黄河泛漲，止是一事，難與會通河為比。先為御河添官降印，兼提點黄河，若使專一，分監在彼，則有妨御河公事。況黄河已有拘該有司正官提調，自今莫若分監官吏以十月往，與各處官司巡視缺破，會計工物督治，比年終完，來春分監新官至，則一一交割，然後代還，庶不相誤。"工部議："黄河為害難同餘水，欲為經遠之計，非用通知古今水利之人專任其事，終無補益。河南憲司所言詳悉，今都水監別無他見，止依舊例，議擬未當，如量設官，精選廉幹奉公、深知地形水勢者專任河防之職，往來巡視，以時疏塞，庶可除害。"省準令都水分監官專治河患，任滿交代。

仁宗延祐元年八月，河南行中書省委太常丞郭奉政、前都水監丞邊承務、都水監卿朵兒只、河南行省石右丞本道廉訪副使帖木赤、汴梁判官張承直上自河陰下至陳州，與拘該州縣官一同沿河相視。十一年四月初四日，下詔中外，命賈魯以工部尚書為總治河防使，進秩二品，授以銀印，發汴梁、大名十有三路民十五萬人，廬州等戍十有八翼軍二萬人供役，一切從事，大小軍民，咸稟節度，便（益）〔宜〕興繕❶。

國朝或以工部尚書、侍郎、侯、伯、都督提督運河。自濟寧分南北界，或差左右通政、少卿，或都水司屬分理，又遣監察御史、錦衣衛千戶等官巡視。其沿運河之閘泉及徐州、呂梁二洪，皆差官管理，或以御史，或以郎

---

❶ "便益興繕"之"益"誤，應為"宜"。《元史·賈魯傳》亦作"宜"。改。

中，或以河南按察司官，後皆革去，而止設主事，三年一代。然俱為漕運之河，不為黃河也。唯總督河道大臣則兼理南、北直隸，河南，山東等處黃河，亦以黃河之利害與運河關也。總督之名自成化、弘治間始，或以工部侍郎，或以都御史，常於濟寧駐劄。其河南、山東二省巡撫都御史則璽書所載，河道為重務。又二省各設按察司副使一員，專理河道。山東者則以曹濮兵備帶管，其巡視南北運河御史亦以各巡塩御史兼之，不別差也。成化十年，令九漕河事悉聽專掌官區處，他官不得侵越，凡所徵椿草并折徵銀錢備河道之用者，毋得以別事擅支。凡府州縣添設通判、判官、主簿閘壩官專理河防，不許別委。凡府州縣管河及閘壩官有犯，行巡河御史等官問理，別項上司不得徑自提問。

弘治二年，河徙為二，傷及運道，擢浙江左布政使劉大夏為都察院右副都御史脩治，功不卒就。六年，河決張秋，乃復命內官監太監李興、平江伯陳銳同治，分屬方面憲臣，河南按察司副使張鼐等各統所屬兵民夫匠築臺捲埽。工畢，賜李興禄米崴二十四石，加陳銳太保兼太子太傅，禄米崴二百石，進劉大夏右都御史，理院事，及諸方面官有功者進秩增俸有差。正德四年九月，河決曹縣楊家口，勅命工部左侍郎崔巖會同鎮巡議處脩治。八月，巖以母喪去，更命本部右侍郎李代之，督同方面条政史學等興工，至十一月終以寒凍放回。次年正月復舉，二月中旬工將就緒，適值流賊，特命停止。侍郎李檄取囬京。正德七年勅命都察院右副都御史劉愷總理河道。愷擢兵部侍郎掌通政司事，囬京。整理曹州等處兵備兼理河道、山東按察司副使吳漳督同曹州知州吳瓚、濟寧州同知賈存哲往來巡視，祭告河神，獲完，達撫按，請大臣總理。擢巡撫都御史趙璜為工部右侍郎，仍兼憲職，總理其事。璜請兖州府添設同知，大名府添設通判，曹縣、城武、東明、長垣各設主簿一員，專事河防。璜具工完始末，繪圖以聞。值邊警，改命整飭直隸永平等處武備。

漢河隄謁者箴　崔瑗撰

伊昔鴻泉，浩浩滔天。有夏作空，爰冀山川。導河積石，鑿于龍門。疏為砥柱，率彼河滸。太陸既礙，播于北野。濟漯咸順，沂泗從流。江淮湯湯，而巽宅乃州。澹菑瀲瀲，東歸于海。九野孔安，四隩不殆。爰及周衰，夏績陵遲。導非其導，堙非其堙。八野填淤，水高民居。溢溢滂汩，屢決金隄。瓠子潺湲，宣房作歌。使臣司水，敢告執河。

附　録

欽差總理河道、都察院右副都御史劉
為會計預備嘉靖十四年河患事

照得黄河一帶，每年九月已盡，例該會計明年應修工程，并合用物料人夫，各該管河副使會同該道守巡官帶同該府知府十月内各到河所公同相勘。自今年十月初一日起至明年十月終止，逐一會計某缺口該塞、某壩岸該築，或添設遥堤，或添開支河，該支椿草、合用人夫物料各數目，議處預備，係是節年舊規。但所勘應幫、應築堤岸，應濬、應開河道工程，未見明開堤岸應幫者原有舊基若干里，至高闊，今幫高闊各若干。其創築者止開長若干里，至丈尺，根頂各闊若干，高若干，不見估計每夫一名每一日可築堤岸各若干，方廣若干，高厚尺寸為一工。河道應濬者不開原有河身若干里，深廣〔若干〕●，今濬深廣各若干。其創開者亦止開長若干里，底面各廣若干，深若干，亦不見估計每夫一名每一日可開可濬若干，深廣尺寸為一工，止是總計大約用人夫若干名，做工幾箇月可完，朦朧估勘。以致在河南者則冒領官銀，動以數千百計，至有一官而領銀萬兩者，所費曾不及十之三四，餘銀任意侵剋。在山東、直隸者則起調人夫，動以數千百計，所役亦不過

● 根據上下文，"深廣"後脱"若干"兩字。補。

十之三四，餘夫或任意賣放，或利其逃曠，却追工銀，任意私收，止以畸零送官貯庫，遮掩搪塞。其夫役又多係積年包攬光棍，延引日月，罔肯用力。夯杵等項器具又多不如法。工畢之後，止以虛文報完，上下即云了事，管河各官既不親詣，亦不差官驗看堅否。以故所築堤岸多是虛土虛沙填委，止於兩傍頂面築累成堤，以致水漲即爾衝決，且即於堤根近處取土成坑，以致內水侵没，即爾傾圮，其所挑所濬河道泥沙即就近堆於臨河兩岸，以致雨水一經，仍歸河內。是以頻年所費財力不可彈計，而實效全無，年復一年，曷有紀極。間有能幹委官修濬如法者，亦不過十之一二。

本院循行廣袤已數千里，所閱亦難悉數，深切痛心。除杞縣縣丞劉時義、祥符縣主簿王應奎等已經拏問外，必湏立法勘估，先行計定工程，方與支銀調夫。猶賴管河各道各官協力同心，相與圖回，方克有濟。為此仰抄案回道，着落當該官吏照依案驗內事理，即便備呈撫按衙門，公同該道守巡等官，帶同開封府知府并府州縣各管河官員依期前到河所，各帶水平筭手，公同估勘會計。堤岸應幫者要見原有舊堤若干里，至高闊，今幫根闊若干，頂闊若干，增高若干。創築者要見長若干里，至根闊若干，頂闊若干，高若干，每夫一名每一日築方廣一丈，就近四五十步外取土者，高七寸為一工，八九十步百步外取土者高六寸、取土遠甚及去沙取土高五寸為一工，仍將一丈計，該若干工，然後通計長若干丈，通該若干工。河道應濬者，要見原有舊河若干里，至深廣，今濬深廣各若干。應創開者，要見長若干里，至底面各廣若干，深若干，每夫一名每一日開方廣一丈，深一尺，為一工，濬河泥水相半者量減三之一，全係水中撈濬者折半筭工。其取土登岸就築堤者，則深六寸為一工，亦將一丈計，該若干工，然後通計若干工。其缺口壩岸等項悉照此例估勘。及緊要受衝去處，合用靠山、廂邊、牛尾、魚鱗、截河、土牛等埽各若干，大約該辦椿草、糝麻、柳稍、葦草等項各若干，柳稍、蘆葦應否或買或採，椿草、糝麻各除夫役該辦外，其餘應否添買，人夫通用若干，分定某州縣各若干，此外應否添派，一一備細開呈，以憑筞酌施行。大約每夫一名，春自二月初一起至四月終止，秋自八月初一起至十月終止，共用工六箇月，內每月仍除風雨，休息五日，春秋共做實工一百五十日。五月至七月則專預備河漲捲埽及修補緊急工程。十二月採柳，正月栽柳。在河南者則預計該修工程，先儘堡夫外，餘將附近州縣河夫預派存留，刻期調撥，徵銀隨夫上工，其餘州縣方行解銀赴道，發府貯庫，以備緊急大工顧役。在直隸、山東者如該做工程數少，則先儘附近州縣人夫調用，其餘隔遠州縣人夫存留追收曠工銀，每月照例六錢，貯庫，做工不及六月者照例追收，工有定程，夫有定役，而勞逸適均矣。

其諸程式，凡幫堤止於堤裏一面幫築，恐堤外新土水易衝嚙。凡創築必擇地形高阜、土脈堅實者為堤根。凡取土，必擇堅實好土，毋用浮雜沙泥，必於數十步外，不拘官民田地，平取尺許，毋深取成坑，致妨耕種，毋仍近堤成溝，致內水浸沒，必用新製石夯，每土一層，用夯密築一遍，次石杵，次鉄尖杵，各築一遍，覆用夯築平。凡開河濬河，泥沙必於河岸四五十步外地內平鋪，毋仍臨河，致遇雨水仍歸河內。就築堤者亦湏遠河二三十步。凡河面湏寬，俾水漲能容，河底湏挾而深，形如鍋底；俾水由地中，不致散漫淤塞。凡夫役，必畫地分工，必各州各縣內仍分各鄉、各里，俾同聚處，迯者即本鄉本里眾為代役，而倍責償其直。必將發去方藥，撥醫隨工，遇疾治療。每役五日，即與休息一日。如有風雨，即准休息。毋妨用工，毋容光棍。在內管河府官不時親閱稽考，工完仍逐段橫挖驗勘，仍呈管河，該道或親詣，或委掌印官，亦逐段橫挖測驗，不如法者管工官坐贓問罪，痛責枷號，即提原夫重治補工，仍備呈本院以憑委官覆勘，明示勸懲。凡事體未宜及該載未盡者，備呈定奪，毋或觀望顧忌。并將栽臥柳、低、編柳，深柳，漫柳，高柳等法俱備行遵照施行，俱毋遲違。抄案依准先行呈來。

計開：

一曰臥柳

凡春初築堤，每用土一層，即於堤內外兩邊各橫鋪如銅錢拏指大柳條一層，每一小尺許一枝，不許稀疎，上內橫鋪二小尺餘，不許短淺，土面止留二小寸，不許留長，自堤根直栽至頂，不許間少。

二曰低柳

凡舊堤及新堤不係栽柳時月，修築者俱候春初，用小引橛於堤內外自根至頂俱栽柳，如錢如指，大者縱橫，各一小尺許即栽一株，亦入土二小尺許，土面亦止留二小寸。

三曰編柳

凡近河數里緊要去處，不分新舊堤岸，俱用柳椿如雞子大、四小尺長者，用引橛先從堤根密栽一層，六七寸一株，入土三小尺，土面留一尺許。却將小柳臥栽一層，亦內留二尺，外二三寸。却用柳條將柳椿編高五寸，如編籬法，內用土築實平滿。又臥栽小柳一層，又用柳條編高五寸，於內用土築實平滿。如此二次，即與先栽一尺柳樁平矣。却於上退四五寸仍用引橛密栽柳樁一層，亦栽臥柳編柳各二次，亦用土築實平滿，如堤高一丈，則依此栽十層即平矣。以上三法皆專為固護堤岸。蓋將來內則根株固結，外則枝葉綢繆，名為活龍尾埽，雖風浪衝激，可保無虞，而枝稍之利亦不可勝用矣。北方雨少草稀，歷閱舊堤，有築已數年，而草猶未茂者，切不可輕忽。前法運河、黃河通用。

四曰深柳

前三法止可護堤，防漲溢之水。如倒岸衝堤之水，亦難矣。凡離河數里及觀河勢將衝之處，堤岸雖遠，俱宜急栽深柳，將所造長四尺、長八尺、長一丈二尺、長一丈六尺、長二丈五等鉄裹引橛自短而長以次釘穴，俾深二丈許，然後將勁直帶稍柳枝如根稍俱大者為上，否則不拘大小，惟取長直，但下如雞子，上儘枝稍，長餘二丈者皆可用。連皮栽入，即用稀泥灌滿穴道，毋令動搖。上儘枝稍，或數枝全留，切不可單少，其出土長短不拘，然亦湏二三尺以上。每縱橫五尺即栽一株，仍視河勢緩急，多栽則十餘層，少則四五層。數年之後，下則根株固結，入土愈深，上則枝稍長茂，將來河水衝嚙，亦可障禦。或因之外編巨柳、長椿，內實稍草埽土，不猶愈於臨水下埽，以繩繫岸，以椿釘土，隨下隨衝，勞費無極者乎？本院嘗於睢州見有臨河四方土墩，水不能衝者，詢之父老，舉云農家舊圃，四圍柳株伐去，而根猶存，彼不過淺栽一層，況深栽數十層乎？及觀洪波急流中週遭已成深淵，而柳樹植立略不為動，益信前法可行。凡我治水之官能視如家事，圖為子孫不拔之計，即可望成效，將來捲埽之費可全省矣。但臨河積年射利之徒殊不便此治水者，知其為父老土着之民惟言是聽，而不知機緘之有為也。凡目今捲埽斧刃堤後遠近適中之處，尤宜急栽，多栽數層，審思篤行，共圖實效，勉之勉之。此法黃河用之，運河頻年衝決緊要去處亦可用。

五曰漫柳

凡波水漫流去處，難以築堤，惟沿河兩岸密栽低小檉柳數十層，俗名隨河柳，不畏淹没，每遇水漲既退，則泥沙委積，即可高尺餘，或數寸許。隨淤隨長，每年數次，數年之後，不暇人力，自成巨堤矣。如沿河居民各照地界，自築一二尺餘縷水小堤，上栽檉柳，尤易淤積成高。一二年間堤內即可種麥，用工甚省而為效甚大。掌印管河等官務宜着實舉行。黃河用之。

六曰高柳

照常於堤內外用麓大長柳樁成行栽植，不可稀少。黃河用之，運河則於堤面栽植，以便搒挽。

欽差總理河道、都察院右副都御史李上疏為議處黃河大計事

切惟天下之事，利與害而已矣。去其害則利可興也。臣欽奉勑諭："今特命爾前去總理河道。其黃河北岸長堤并各該堤岸應修築者，亦要著實用工修築高厚，以為先事預防之計。如各該地方遇有水患，即便相度訪究水源，可以開通、分殺并可築塞堤防處所，仍嚴督各該官員斟酌事勢緩急，定限工程久近，分投用工，作急修理。凡修河事宜，勑內該載未盡者，俱聽爾便宜處置。事體重大者，奏請定奪。欽此。"欽遵，臣查得黃河發源具載史傳，今不

敢煩瀆，姑自寧夏為始言之。自寧夏流至延綏、山西兩界
之間，兩岸皆高山石麓。黃河流於其中，並無衝決之患。
及過潼關，壹入河南之境，兩岸無山地，勢平衍，土少沙
多，無所拘制，而水縱其性。兼之各處小水皆趨於河，而
河道漸廣矣。方其在於洛陽河內之境，必東之勢未嘗拂
逆。且地無高下之分，水無傾瀉之勢，河道雖大，衝決罕
聞。及至入開封地界，而必東之勢少折向南，其性已拂逆
之矣。況又接南、北直隸，山東地方，地勢既有高下之
殊，而小水之入於河者愈多，淤塞衝決之患自此始矣。此
黃河之大槩也。

今之論黃河者惟言其瀰漫之勢，又以其遷徙不常而謂
之神水，遂以為不可治。此蓋以河視河，而未嘗以理視河
也。夫以河視河，則河大而難治；以理視河，則河易而可
為。瀰漫之勢蓋因夏秋雨多，而各處之水皆歸於河，水多
河小，不能容納，遂至瀰漫。然亦不過旬日，至於春冬則
鮮矣。是則瀰漫者，不得已也。水之變也，豈其常性哉？
至於所謂神水者，尤為無據。其故何耶？蓋以黃河之水泥
沙相半，流之急則泥沙並行，流之緩則泥沙停積，而停積
則淤之漸矣。今日淤之，明日淤之，今歲淤之，明歲淤
之，淤之既久，則河高而不能行。然水性就下，必於其地
勢之下者而趨焉。趨之既久，則岸面雖若堅固，水行地
下，岸之根基已浸灌踈散而不可支矣。及遇大雨時至，連
旬不晴，河水泛漲，瀰漫浩蕩，以不可支之岸基而遇此莫
能禦之水勢，頃刻奔潰，壹瀉千里，遂成河道。近日蘭陽
縣父老謂黃河未徙之先數年，城中井水已是黃水，足為證
驗。故人徒見其壹時之遷徙，而不見其累歲之浸灌，乃以
為神，無足怪也。

　　為照河南、山東及南、北直隸臨河州縣所管地方多不過百里，少則四五十里，若使各該州縣各造船隻、各置鐵扒并尖鐵鋤，每遇淤淺，即用人夫在船扒濬。若是土硬則用尖鋤，使泥沙與水並行。既無淤塞之患，自少衝決之虞，用力甚少，成功甚多。且黃河水既湍急，而泥沙則又易起。更有船隻，則人夫不惟免涉水之苦，而風雨可蔽，宿食有所。是修河之智而寓愛民之仁，推而言之，其利甚博。若夫瀰漫之勢殆不能免，所可自盡者則在築堤防患，不與水爭地耳。或護城池，或護耕種，使得遂其安養。伏望皇上軫念地方水患，將臣所奏特勅該部，再行查議。聽臣督同河南、山東并南、北直隸管河按察司副使張綸等備查所管黃河州縣河道地里遠近，動支河道銀兩，酌量數目，打造上中下三等船隻，置造大小鐵扒、鐵鋤，分發各該管河官收領。遇有時常小淤，或先年舊淤，或因瀰漫勢後河道新淤，即便督率人夫，撐駕船隻，量水之深淺用船之大小，量船之大小載人之多寡，用心扒濬。堅硬去處則用鐵鋤，俾泥沙隨水而去，河道為之通流。風雨蔽於斯，宿食在於斯。至於捲埽去處，即係水流傾瀉之地。傾於此者必淤於彼。壹體扒濬，使水歸於中流，則傾瀉之患將漸弭矣。再照黃河先年由河南蘭陽縣趙皮寨地方流經考城、東明、長垣、曹、蕭等縣，流入徐州。近年自趙皮寨南徙，由蘭陽、儀封、歸德、寧陵、睢州、夏邑、永城等州縣流經鳳陽地方入淮。其歸德、蘭陽等州縣即今水患頗大，亦聽臣督行管河道，責令各該軍衛、有司掌印管河官員調用人夫，或將河道銀兩雇募，各修築高厚、堅固堤岸，并扒濬河道，務使淤塞開除，自無衝決之患；防護完固，可免湮沒之虞。其舊黃河即今尚有微水，流至徐州、吕梁二洪，亦合時加扒濬，使不致斷流，接濟運河，且分殺黄河水勢。如此則河患可息而運道亦有益矣。緣係議處黄河大計事理，謹題請旨。嘉靖拾伍年肆月貳拾伍日。

治河通考後序

　　惟《禹貢》《職方》之言，導濬經辨之跡，鴻闊巨偉矣。固聖人拯世範後，參天緊地，神理昭寓後世，凡職紀載者依焉。然溝洫地理，郡國水利，漢以來册籍或方志有考。顧於大河無專紀，豈非括細遺大，使後之嗣禹蹟者何稽乎？

　　余嘗北涉趙、魏之間九河故蹟，西踰成皋鴻溝，觀龍門鑿處，南循淮瀆，出呂梁，則喟然歎河之為國家利害大矣。夫安流順軌則漕輓駛裕，奔潰壅溢則數省繹騷。國家上都燕薊，全籍東南之賦。故常資河以濟運，又防其衝阻。乃經理督治必撫臣是寄，其視前代豈不益重哉！河雖經數省，然自龍門下趨，則梁地當其衝，始又壞善潰，故河之患於河南為甚。

　　余受命來撫茲土，固慄慄以河為至慮。防治稍悉，民頗奠乂。間閱近時所刻《治河總考》，踈遺混複，字半訛舛。其肇作之意固善，惜其未備晢也。乃命開封顧守符、下讁許州判官劉隅重加輯校，彙分序次：一卷曰河源考，二卷曰河決考，三卷之九卷曰議河治河考，末卷曰理河職官考，上沂夏周，下迄今日，總十卷，更題之曰《治河通考》。庶幾覽者易於探撿，有所式則，以奏平成之勛，聖主之憂顧四方之屯溺，或從是以紓，而愚之重責亦少塞焉。其仍有未備則以竢後之淵博大智者爾。賜進士出身、嘉議大夫、都察院右副都御史、奉勅巡撫河南等處地方松陵吳山書。

　　整理人：李留文，歷史學博士，畢業于北京師範大學歷史系中國古代史專業，現爲鄭州航空工業管理學院教授。主要從事中國古代史、黄河流域區域社會史的研究工作。出版有專著《金元以降地方精英與中原文化演進研究》，並在《光明日報》《世界宗教研究》《宗教學研究》《中州學刊》等刊物發表論文多篇。